私会

五大主流会所的走向

Intimate Touch 广州市唐艺文化传播有限公司 编著

Trend of Five Popular Clubs

天津大学出版社
TIANJIN UNIVERSITY PRESS

图书在版编目（CIP）数据

私会——五大主流会所的走向 / 广州市唐艺文化传播有限公司编著. —天津：天津大学出版社，2013.8

ISBN 978-7-5618-4794-7

Ⅰ．①私… Ⅱ．①广… Ⅲ．①服务建筑－建筑设计－世界－图集 Ⅳ.①TU247-64

中国版本图书馆CIP数据核字(2013)第214509号

责任编辑：陈柄岐

装帧设计：林国代

文字整理：谢　丹

流程指导：陈小丽

策划指导：黄　静

私会——五大主流会所的走向

出版发行：天津大学出版社

出 版 人：杨　欢

地　　址：天津市卫津路92号天津大学内（邮编：300072）

电　　话：发行部：022-27403647

网　　址：publish.tju.edu.cn

印　　刷：利丰雅高印刷（深圳）有限公司

经　　销：全国各地新华书店

开　　本：245mm×325mm

印　　张：22

字　　数：305千

版　　次：2013年9月第1版

印　　次：2013年9月第1版

定　　价：350.00元

凡购本书，如有质量问题，请向我社发行部门联系调换

"神在细节中"
玄武设计谈顶级会所之构成

黄书恒

台北玄武设计／上海丹凤建筑
主持建筑师／设计总监

著作 ｜ 2012 玄武设计隽品集《In Search Of Eternity》
2009 玄武设计隽品集《风云起》

荣誉 ｜ 2013 ANDREW MARTIN DESIGN AWARD 全球百大设计师
2012 现代装饰国际传媒奖 最佳样板房设计（中央公园样板房）
2012 IAI AWARD 亚太设计双年奖（海德公园售楼处）
2012 艾特奖 展示空间提名奖（海德公园售楼处）

文\黄书恒

会所——身份与权力的标志

回首中国数千春秋，朝代变更之际，总有许多豪杰雅士趁势而起，凝结为社会的新中坚势力，他们不仅能左右政治环境的变化，也可以影响整个文化风气的形成。假如以文明史的角度加以观察，我们不难发现一个有趣的现象：这些成员虽然背景各异，拥有的文化资本亦强弱有别，一旦站上社会顶层，他们对于"建筑空间"的想象与倚赖将超越以往，不仅把它视为身份高低的具体表现，亦作为维系关系的重要工具。如东汉末年，曹操于铜雀台大宴群臣，这座精雕细琢的宏伟高台所昭示的不仅是宴主对朝臣之敬重，更代表其登高望远、再上一层的雄心；再如东晋时期，王羲之与一派文友暮春修褉，选择会稽山的兰亭作为聚会场所，这场盛宴固然为文学史锦上添花，其重要性实在巩固世族之间的关系。

综观而言，聚会场所之于名流贵族而言，除舒适与豪华陈设外，更讲究场所的内涵——毕竟"门坎"前后，谁能登堂入室、谁又被拒于千里外，体现着社会层级的确立与稳固，席间的吟风弄月、觥筹交错间都是权力关系的隐喻，饱满的人际张力使建筑更讲究物我的互动关系，"细节"因而成为建构空间的圭臬，正是这份缜密的思量，带出现代"顶级会所"之雏形。

会所——感官与心灵的双重飨宴

从汉、唐、明清，到二十一世纪的今天，"顶级会所"的发展渊远流长，察其流变，我们不难发现，从建筑外观到内里陈设尊崇的设计美学，从人员配置到服务流程蕴含的文化思考，这些流动元素，附带着社会风气与信息交流的变化而调整，这是时代发展之必然。

我认为顶级会所的构成，未必来自镶金贴银的视觉享受，整套由设计者创造的身、心、灵综合体验，才是顶级会所的核心——访客甫步入会所，"空间硬件装修"便退居次要位置，负责"软件"的服务将成首要任务，所有流程环环相扣，务使访客倍感满足。

为达此目标，设计者的缜密思虑至关重要，应清楚了解客群的文化背景，准确掌握其爱好、习惯与价值观，推测他们将如何使用空间。藉由事前的细致思考、过程的妥善经营和事后的充分追踪，才能将抽象情感具体实践于访客身上，唯使心灵因细节而富足，才能进一步引导人们参照外部的硬件配置，享受充满张力、内外兼顾的顶级空间——这个设计原则，无论豪宅会所或商业会所均适用之。

以玄武设计的"海德公园售楼处"为例，我们企图转化商业空间的"功利导向"，保留销售机能之余，更欲运用丰富的视觉变化与陈设配置，打造一处含意深沉的会所。为达到活络区域景观、创造新鲜体验的双重效果，利用墙面与灯光的变化结合，呈现深沉的设计内涵，同时在特别讲究功能性的空间，更注重细节的安排与一致。

会所——永恒的细节追求

著名德国建筑师·密斯凡德罗曾言："神在细节中"，这句话准确道出，作为一位设计者——尤其是一位"顶级会所"的设计者，必须有着对历史、人文的浓厚兴趣，能从一则则故事中提炼出自己的见解，明白空间的文化意义与流变，明白空间受制于时间背景而产生的局限，明白空间与人的对话关系。

一位设计者除却全盘掌握与高度执行的能力外，还需对细节经营，锱铢必较。从外到内，由内而外，设计者能以独到的视野和雄心，不仅操演着装饰、软装与灯光的设计魔术，同时藉由缜密思考与大规模的调查，使得人与人的接触——即服务本身，以其精致和巧思等特质，让每位访客均能感受"量身订做"的用心。诸此种种，不仅是会所设计的至难之处，也是至要之处，更是最具挑战性、也最有趣之处。

目录 Contents

品味个性
主题会所

随着现代社会的快速发展，会所的种类越来越多样化。主题会所的出现，说明了现代会所的发展趋势已经有了明确的倾向。所谓主题会所，或是设计独具一格，或是以鲜明、深沉的主题来诠释魅力，又或是因其独特的经营理念，目的都是为了彰显会所自身的个性与特色。主题会所包含多种类型会所，如餐厅、茶楼等。

私会

五大主流会所的走向 Intimate Touch — Trend of Five Popular Clubs 私会 — 五大主流会所的走向 Intimate Touch — Trend of Five Popular Clubs 私会

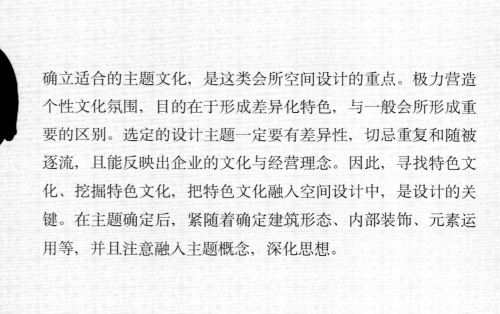

确立适合的主题文化，是这类会所空间设计的重点。极力营造个性文化氛围，目的在于形成差异化特色，与一般会所形成重要的区别。选定的设计主题一定要有差异性，切忌重复和随被逐流，且能反映出企业的文化与经营理念。因此，寻找特色文化、挖掘特色文化，把特色文化融入空间设计中，是设计的关键。在主题确定后，紧随着确定建筑形态、内部装饰、元素运用等，并且注意融入主题概念，深化思想。

魔幻世界
北京名瑶会1号会所

工程档案

项目地点： 北京朝阳区
面积： 2 500平方米
设计单位： 飞形设计事业有限公司 (OFA)
主要材料： 帝王石、宇宙金麻、木花格、黑钛不锈钢、墨镜、艺术瓷砖、亚克力
供稿单位： 飞形设计事业有限公司 (OFA)
摄影： Nacasa&Partners Inc.
采编： 吴孟馨

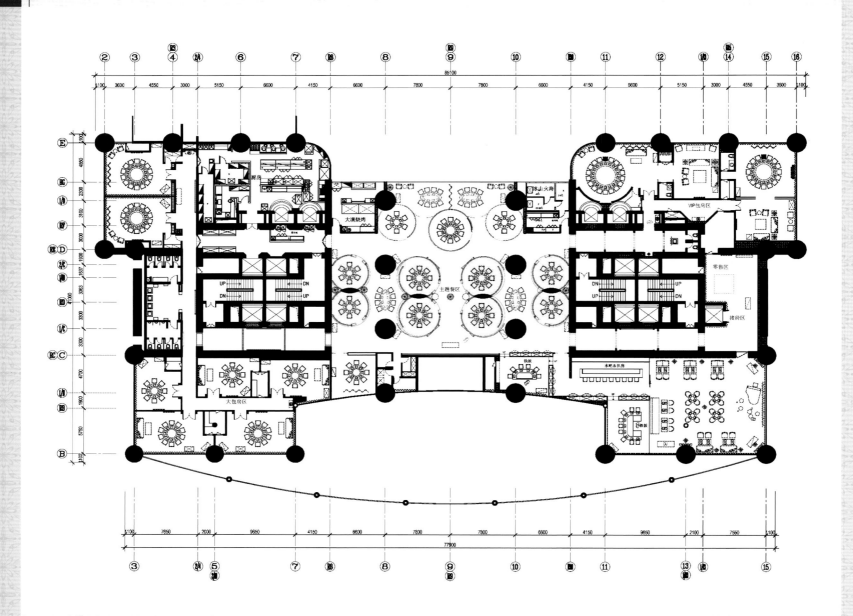

名瑶会的设计中融入了许多传统建筑中华丽恢宏的装饰元素，并以现代功能感的手段表现出来。斗拱、纹样、古典色彩、厢亭、花格屏、月洞门等，无不渲染着中式空间的华丽与恢宏，现代设计手法的运用，使所有元素立体化呈现，有种魔幻般的空间张力。

功能定位

名瑶会位于北京朝阳区关东店南大街2号旺座中心商业3层，是实行完全会员制和定制化的顶级中式餐饮会所。以推广新中式餐饮文化为意旨，邀请客人加入东方的饮食氛围，改变传统观念中中餐给人的"封闭声色赏"的沉闷印象。

空间布局

会所整体区域划分非常明确，共由6大部分组成：两间超豪华VIP包房、开放主题用餐区、酒吧演艺厅区域、"冰山火海"玻璃区、现代江南风情包房和西餐区。

跨界整合

设计团队给出跨界整合设计的方案，与知名艺术家合作，催生代表着中国传统建筑的恢弘与华丽的装饰理念，却以富于现代性的功能感的手段表现出来。家具、灯饰与艺术装置藉由雕塑造型的接榫层迭与彩绘形态，呈现华丽的装饰效果。手工烧制的釉面瓷砖纹饰构想源自马王堆汉云纹，经由铺面组构形成韵律感的鲜艳背景。

空间里，倾注镶红、翠绿、雅金、瓷蓝、墨黑等中式情调的色彩，加入琉璃、孔雀羽毛、马毛、黑木家具、水晶、玻璃等复合元素，让原初沉重的感官情绪转变为游移于古典与摩登之间的一场嬉趣。

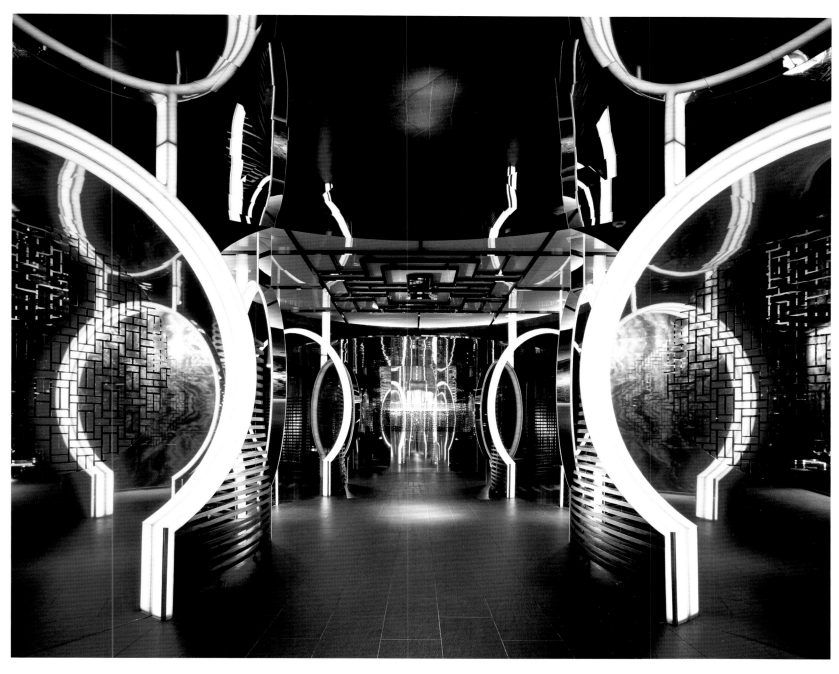

室内造景

在空间设计中引入中国古典江南园林造景法，以富有现代感的材质重新诠释，显现出高于商业空间功能性的哲学意味。

设计采用借景、框景手法，在开放区建造多座半穿透式圆形厢亭，以满足宾客私密感受。内部则自成别致景观，随着月洞门、宝瓶门与实木花格墙屏的投射，为行进路线构置一步一景的视觉变化。同时塑造剧场式场景，创意性地调配建筑与历史元素，与时空展开对话，在有限空间里引发无限想象。

材质工艺

在材质及工艺手法上，模糊天然与人工的概念，同时将相互冲突的材质调和运用，对中国传统易经的相生相克、阴阳观念进行物态演绎。虽然设计中引入窗花、月门等浓郁的古典元素，设计师却选择现代感的金属、玻璃材质作配搭，透过灯光构成的镶边效果以及材质的镜像响应，与历史元素展开对话，让这座园林脱离了古老的刻板印象，有种处处是窗亦是景的游离感，诱导观者进行探索与想象。

项目回访

问：项目的设计概念或主题是如何产生的？

耿治国： 这一系列项目的设计概念主要源于平时的观察和积累。设计并不是一个单纯目的性的直接反应，它有积累和沉淀，所以我更希望讨论设计背后根本的东西——创意。我希望我的每一次设计都能够有所突破，能够在创意上得到惊喜，如果在此基础上能够让观众满意，那最好不过。但是，千人千面，众口难调，我只是希望我的设计能够呈现出与众不同、与往不同的意境即可，坚持创意本身的独特是最重要的。

问： 能否谈谈名瑶会这一系列项目设计创意以及这一系列作品之间的联系？

耿治国： 创意不应止于视觉上的雕琢甚至止步于"室内设计"。这里我们提出一个"跨界整合"的概念，我们认为一个空间不应该仅仅是一个视觉上的感官感受，一个完美的空间设计应该是一个综合了听、触、视、嗅等五感的总体感官感受和体会，而非单纯视觉上的呈现。以名瑶会这样的餐厅会所为例，在我看来，餐饮空间与其说是"吃饭的地方"，不如说更像一个个舞台，是都市中的一个个"乌托邦"。所以在设计第一个名瑶会的过程中，除了和甲方的沟通，我们还在音乐、服装、灯光、材料以及盆景上和不同专业的专家进行沟通和合作。与不同业界的知名艺术家合作，跨界合作讨论，从不同的感官感受来整合出一个"人造天堂"。之间我们提炼出斗拱、彩绘、云纹、中国风色彩等元素，传达了中国传统建筑的恢弘与华丽的装饰精神。

以第一个旺座名瑶会为例，旺座主要特点是月门的设计，我们加了琉璃玉和灯光的修饰点缀效果，采用借景、框景手法，在开放区建造多座半穿透式圆形厢亭，精心设计并搭配桌椅、盆景、适宜的灯光，再配上相应的音乐，工作人员身穿我们专门设计的服装，所有的设计元素融合在一起，不同的碰撞、调和显得张力十足，尤其是月门在灯光的雕刻下熠熠生辉，整个空间会产生一种戏台的迷离和隔离感，置身在这个空间中，所有的感官都会被调动起来，综合体验这个空间所传达的意境。

同样是跨界整合设计系列，一脉相承但有各自不同的设计，第二个项目融金国际最主要的是关于窗花的设计，窗花的材料都采用了琉璃玉，用料独具匠心，配合着其他各方面的设计，整体呈现出来的效果非常棒！

第三个名瑶会的项目的设计风格一体相承，主要强调它的屏风画的特色。

问：从设计构思到项目完工期间与业主、施工方有何有趣的互动？

耿治国： 对话是设计的必要因素，而遇到一个好的甲方对设计师而言是一件非常幸运事情，名瑶会业主在这方面给了我很大的支持和信任，所以在这一系列的设计作品中，我们都合作得非常愉快。当初在设计完旺座名瑶会的项目之后，甲方希望在下一个作品中能够表达不一样的东西，于是，接着我们设计了不同主题但又一脉相承的名瑶会作品。所以在这一系列的作品中，我们跨界整合的思想得到了很好地发挥和体现。

问：从您自身而言，平常生活中有哪些兴趣爱好？主要从哪些事物中汲取设计灵感？

耿治国： 平时的生活中喜欢看很多东西，喜欢阅读不同的书籍，古今中外的都喜欢，历史故事或者一些西方哲学性的文章能够引发不同思维的书都喜欢阅读。有关创意来源，对我而言，创意是自然而然的事情，是随意的，是水到渠成的一种状态，不太认同创意来自于其他外在的某种刺激，我觉得创意本身来源于生活，设计来源于生活的日积月累的体验和感悟，是一种由内而外的挥洒！也许跟我的性格有关，我觉得每一种情境都有每一种情境的妙处，都有它独特的味道需要我们去体会和思考。举个例子，我很喜欢太阳，我喜欢白天，欣赏白天的灿烂和

耿治国

飞形设计事业有限公司 创始人

明媚，但是我也喜欢晚上的宁静、清幽。又比如说有人喜欢对西湖风景进行比较，于我而言，这种比较和排序是无意义的。身处哪一种景中，我就会去思索哪一种景的妙处，慢慢地体味它。这些平常的生活感悟圆融于心，经过岁月的辗压和发酵，它会迸发出思想的火花，在你需要创作的时候喷涌而出，这是自然而然的事情，水到渠成，并没有任何的刻意。所以，功夫在诗外，体悟、感受生活本身才是重要的。

问：你认为当今会所空间设计的趋势是什么？如何设计才能体现出会所的特色？
耿治国：以会致所，以所致会。中国国情复杂，会所设计本身没有一定的特质，将来也可能会呈现多样化功能化的特点。当今社会不同阶层会有不同的聚会和交流等各种诉求，这些聚会的本身是意义所在，当然它直接催生了各式各样的会所设计的生成，反过来讲，不同的类型层次的会所也一定程度上反映了不同的聚会诉求的社会现状。

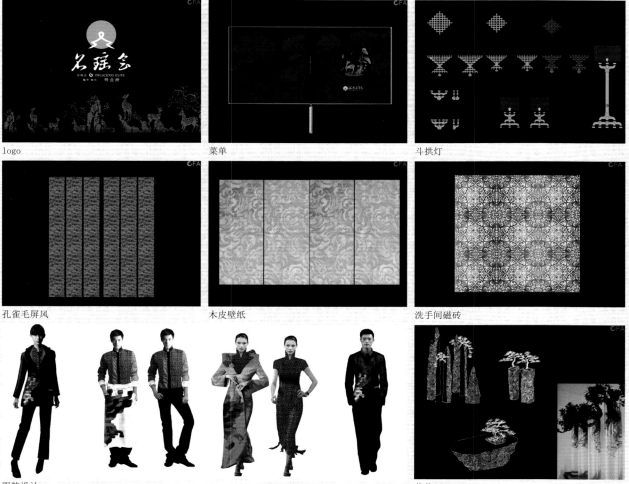

logo

菜单

斗拱灯

孔雀毛屏风

木皮壁纸

洗手间磁砖

服装设计

花艺

现代江南韵
深圳越明年餐饮会所

工程档案

项目地点：深圳市福田区
面积：1 500平方米
设计单位：朗昇国际商业设计有限公司
主要材料：大理石、金箔、涂料等
供稿单位：朗昇国际商业设计有限公司
采编：陈惠慧

会所以蓝白色调为整体空间基调，来展现"春来江水绿如蓝"的江南风光，同时融入中式元素，使空间的整体格调纯净、淡雅，呈现出清新、灵动的现代中式风，为生活在都市的人们提供一个江南水乡情调的飨食之地。

功能定位

越明年餐饮会所是深圳首家"蓝色情调"的概念餐厅。餐厅提供的是传统吴越菜肴，江浙风味，为客户提供中高档次的商务、家庭聚餐地。

江南风情

餐厅采用现代中式设计，以突出悠久传统的吴越餐饮文化与历史，而餐厅的色调则取之于"春来江水绿如蓝"中的蓝色，以喻其山青水秀的江南自然景观。

蓝白色调的使用，使整体空间氛围充满着现代清灵气息，格调纯净、淡雅。设计师有意在色彩与天花造型方面，较多地借鉴新加坡莱佛士酒店皇朝餐厅中使用过的设计手法，如单纯的蓝色、白色以及简化的船蓬轩天花造型等，这也

是投资方的喜好所致。

大厅区域宽敞明亮，天花使用简化的船蓬轩造型，一气呵成。蓝色的天花之下是白色家私与浅色地材搭配，整个空间干净清灵，毫无压抑之感。博古架及柜体上的装饰物、莲叶摆件与墙面点缀的金箔云纹、瓷鱼饰物等，给空间增添了一番灵动的趣味，似乎这里就是一处江南"莲叶何田田，鱼戏莲叶间"的远离尘嚣的安逸。

中式元素
餐厅入口处是一幅面积较大的金色古典云纹背景墙，墙体中央镂空而形成月形花窗，内置一尊镏金太湖石，凸显高贵之感。

透过窗格，可一览整洁干净的大厅。地面质感高贵的木纹大理石与简化的蓝色古典椽格天花相呼应，使整个空间简洁大方。迎宾接待台直接使用两块巨型方木迭在一起，沉稳大方，摆设在台面上的中式古典瓷灯，悬挂在接待台后的山水写意风情画，顿使接待区充满了自然与人文气息。

空间设计
通往大厅的过道将餐厅分隔成大厅与小厅两个区域。过道天花使用中式古典船蓬轩造型与地面耸立的几条立柱造型，无雕梁画栋之烦琐，却有擎天之气势。过道两侧使用中式木格门窗，使两个厅之间通透又各自独立。在过道处还设有上网区、休闲区及中式茶室等，供客人休闲与品茶。休闲区直接用方木制成的休闲凳，颇具特色。

餐厅还另设有半开放式包房与独立包房，包房设计亦沿袭使用统一的蓝白色调、金色古典云纹与中式木格门窗装饰。独立包房内，还配有舒适的休闲品茶区和独立的点歌系统。

项目回访

问：项目的设计概念或主题是如何产生的？

袁静： 我们所做的项目很少会是命题作文，概念和主题的产生大部分是长期的积累过程，有些来源于自然界的生命形态或者历史、人文等，不一而论。这里面灵感和触动的成分比较大，定下主题后会再做一些相关的搜集整理以及扩展工作，从而构成一个完整的设计概念。

问：从设计构思到项目完工经历了多长时间？期间与业主、施工方有何有趣的互动？

袁静： 通常一个项目下来之后，我们会用一到两个星期完成设计概念，期间会和业主进行一到两次面对面的沟通，看着业主从最开始的茫然到后来的认可和配合，是非常有成就感的。还有一些品味很高的业主，在做软装的过程中，会对我们的提案给出一些很中肯的意见，并且很主动地去淘一些装饰品来丰富空间，一切皆在变化与掌控之中，这也是这一行业的乐趣所在。

问：项目设计过程中或施工过程中发生什么比较有趣或印象深刻的事情？

袁静： 设计过程中有趣的事情比较多，比如说，提案开会的时候整个概念组的人会为某一种形式的演变各抒己见，我通常坐在一边不说话，只听他们说，看他们提交的资料。听完之后，我会发现，脑海里增多了很多别人对这一事物的印象，并且还能联想到更为丰富的层次，我特别喜欢这个时候，感觉创作的欲望最为强烈。

问：从这个项目设计中，有何心得体会？对以后的设计有何重要的影响？

袁静： 做越明年这个项目之前，我重点考察了苏州，在那里待了五天，逛了五天的园林，慢慢地走，慢慢地看，有时候还动手画一画，感觉真美。中国的园林艺术博大精深，作为一名本土设计师，有责任把老祖宗的文化和精神传承下去，但我理解的这种传承并不是原汁原味地照搬，所以在越明年的设计里，我用了新的手法和江南水乡的印象色彩，带来了全新的感受，这里的确实实在在地蕴涵着古人的艺术智慧。

问：自身而言，平常生活中有哪些兴趣爱好？主要从哪些事物中汲取设计灵感？

袁静： 因为平时工作时间安排得比较紧，所以我生活中的兴趣爱好偏向安静的活动，读几本书，走几个城市等等。汲取灵感这种东西没有固定的模式，有时是一部电影，有时是一张图片，甚至是空气中的一种味道，都有着它独有的色彩和灵魂。换句话说，灵感是靠捕捉的，然而能够及时地记录下来更为重要。

问：你认为当今会所空间设计的趋势是什么？如何设计才能体现出会所的特色？

袁静： 其实我们公司做会所也有几年的时间了，从最初各种形式上的堆砌，再到现在的低调奢华范儿，我个人认为，提升居者气质才是会所设计的趋势。特色这个词我们不妨换个说法——独特的气质。在我的设计理念中，形式的东西一定是为气质服务的，源于生活而高于生活，设计的过程中一定要定位精准，力求创新。一个好的设计是有灵魂的，它完全能够经得起岁月的考验。

袁静

朗昇国际商业设计有限公司 董事长、总设计师

中国室内设计师协会会员（CIID）

代表作品：欢乐颂KTV，盛世皇巢国际会所，香水艺术酒店，BABY KTV

品味传统
北京京都盛唐会馆

工程档案

项目地点：北京市朝阳区
项目面积：3 800平方米
设计单位：新加坡WHD酒店设计有限公司
设 计 师：张震斌
参与设计：田静进　赵婷
主要材料：木作、红铜、毛石、推光漆
供稿单位：新加坡WHD酒店设计有限公司
采编：陈惠慧

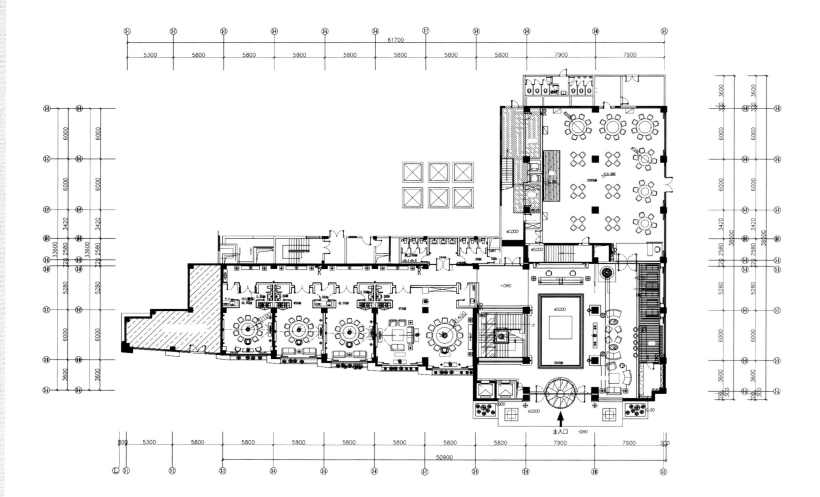

京都盛唐以唐朝文化为背景，空间中的线条、围合、错落都还原了唐文化下的传统空间秩序，甚至可以一边享受美食，一边欣赏"唐三彩"，仿佛回到了歌舞盛世下的唐朝。

功能定位

京都盛唐位于北京四环小营路，是一个餐饮特色会馆，业主是位品位极高的墨客，对大唐文化颇为喜爱，由此，设计师有了很好的主题空间——唐文化会馆。分析会馆整体运营模式，对会馆本身的设计风格便有了明确的定位，因此取名为"京都盛唐"。

盛唐文化

空间中以线条的秩序感，营造挺拔、气势雄伟的氛围，使在这里就餐的宾客享受到来自传统的空间所形成的高低错落、围合、虚实、秩序的盛唐文化体验。

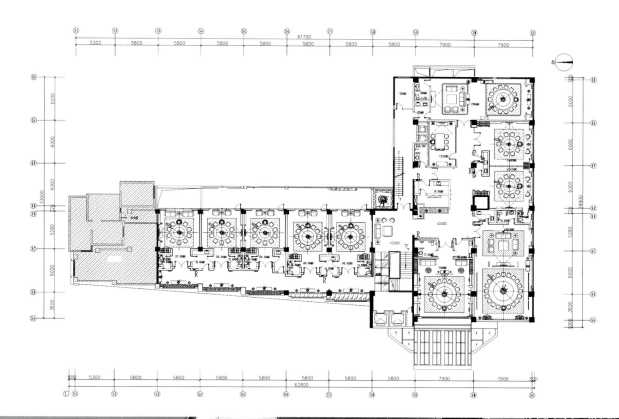

古典材质

在设计手法和材料运用上，利用木、铜、石等古典材料，对空间进行整体塑造、分隔设计，处处以大唐文化的恢宏气势与秩序氛围演绎繁荣的古典餐饮空间。

在陈设上把大唐文化中的唐三彩、仕女图、御尊、青瓷、青铜的纹饰加以提炼，重新结合，让空间有了秩序与礼仪感，重塑盛唐的繁荣景象。

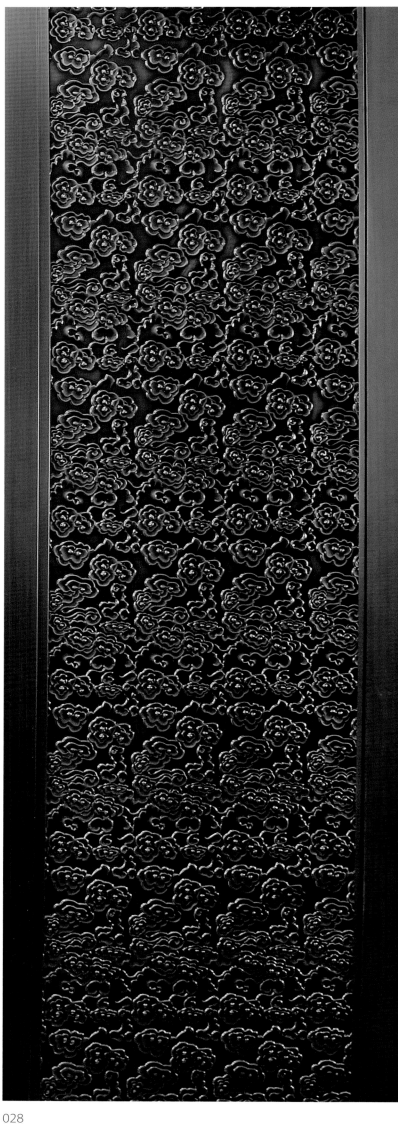

空灵的宴飨
福州江滨一号餐饮会所

工程档案

项目地点： 福建福州
面积： 2 000平方米
设计单位： 福州林开新室内设计有限公司
设计师： 林开新
主要材料： 大理石、软木板、木纹砖、实木板、老料石材
摄影： 吴永长
供稿单位： 福州林开新室内设计有限公司
采编： 陈惠慧

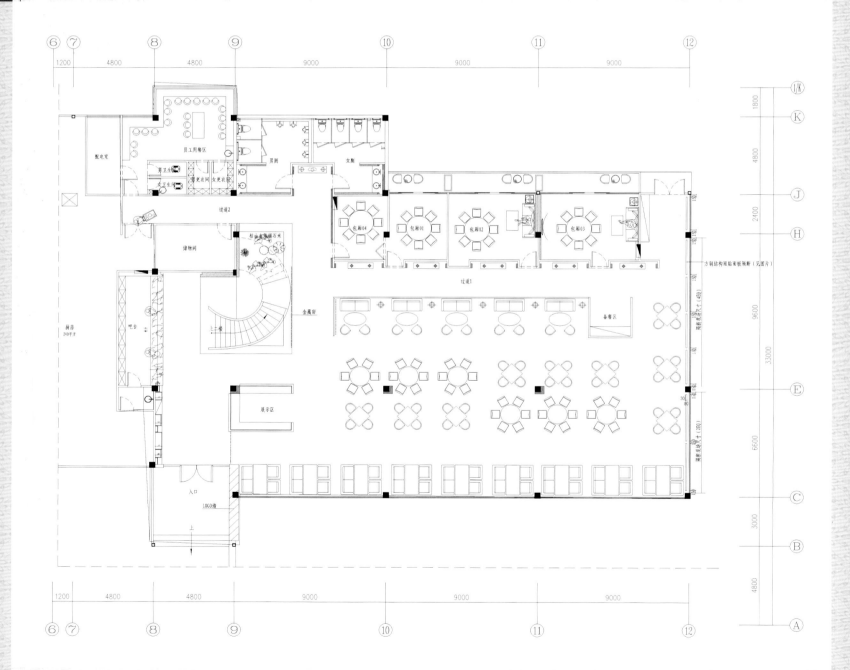

项目通过现代钢结构建筑混搭老宅石阶、石臼、现代漆画艺术、明式家具等，把空灵的视觉享受作为空间主题。而临江的水景设计作为整体空间背景，将空间的视觉感表现的更为突出。

功能定位

项目位于福州市南江滨公园内，定位于高端餐饮会所，由福建水岸餐饮投资管理有限公司经营。会所东侧有九龙壁喷泉广场，西侧设有游艇码头，坐拥

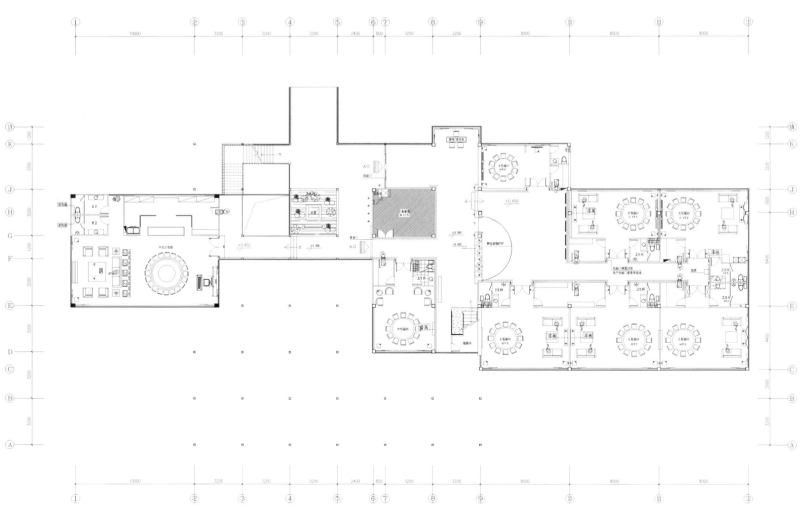

优美江景，是企业商务宴请、高端酒会、西式婚礼的理想场所。

空间布局

项目分东楼、西楼两部分。东楼有中式与西式豪华大包厢；西楼一层是公园配套的咖啡西餐厅，可以承办西式婚宴，二层为餐厅大包厢。

矛盾美学

入口处以青石作为踏步的材质，加入了传统的意味。在阶梯两侧，摆放着一方一圆的石臼。设计师通过这些物件将中国传统文化渗透在空间中。沿着青石地面往里走，横平竖直的框架结构结合着地面水景与灯光设置，空灵的视觉享受油然而生。这种繁花落尽的细微之美来自于东方传统文化的思维方式，表面上的"空"实则包含了丰富的精神内涵。于是在二者的矛盾中成就了空间的美感，也体现了江滨一号的精髓之处。

东方文化

水景旁的原木装饰墙面引导着人们进入会所内部。灰色调是这里的主旋律，沉稳的视觉让空间显得安静、平和。在此基础上，改良后的中式家具成为前台区域的主要组成部分，背后的百叶窗将户外的绿色景致若隐若现地展示出来。正对大门的墙面用三幅画作点缀，它们各自拥有不同的属性，结合在一起又呈现出别样的气质，可分可合的理念也映衬着中国传统文化。

空间走道延续了整体的色调与质感，楼梯位置的设计则刚柔相济，做旧的原木墙面上，深浅不一的色泽温暖又有亲和力。玻璃扶手调剂了空间的质感，与窗格一同延伸着空间的视觉感。

质，将户外的自然景致引入室内，成为空间最佳的背景。衬托着中式的桌椅与西式的吊灯，勾勒出秩序感，同时营造出灵动的氛围，更把空灵的空间感受表达得淋漓尽致。

引景入室
得益于临近江边的地理优势，设计师将包厢的墙面用透明玻璃作为主要材

古朴意境
福州三坊七巷静茶会所

工程档案

项目地点：福建福州

面积：1 200平方米

设计单位：C&C联旭室内设计有限公司

设计师：吴联旭

主要材料：青石、灰砖、稻草灰、实木花格

供稿单位：C&C联旭室内设计有限公司

采编：陈惠慧

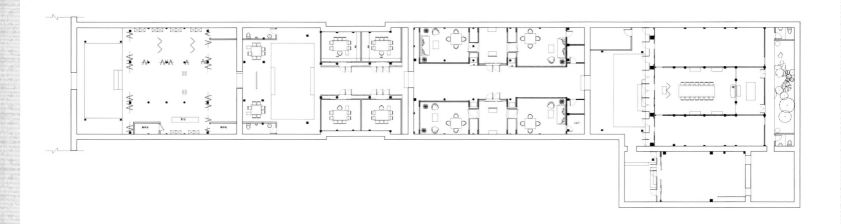

本案位于福州古建筑群三坊七巷中，设计师师法自然，追求和谐，取材自然，青砖、灰瓦、古井、斜阳，一派清末民初的老福州古宅情景，坐于屋内品茶赏画，一份闲适、清幽悠然而来，偷得浮生半日闲。

功能定位

三坊七巷是福州市南后街两旁从北到南依次排列的十条坊巷的简称。三坊七巷地处福州市中心，基本保留了唐宋的坊巷格局，被誉为"明清建筑博物馆"、"城市里坊制度的活化石"。静茶会所就坐落于有着历史文脉的古建筑群中，自2010年至今，已经开了数十家分店，虽然各家店的设计师不同，但古朴、深远是它不变的主题。

师法自然

设计师以大自然为师，由内至外追求与周围环境的和谐，尊重原建筑，取材自然，将做旧木质、青砼等材质用于其中，细腻地转换着空间，呈现出优雅、宁

静的画面。青砖、灰瓦、古井、斜阳，一派自家别院的风景。　　　　　　　光线。采用老材料的木制建筑，空间中透露出丝丝的历史与沧桑。

古朴材质

本案以木柱、白墙、青瓦古宅为背景。木制柱子与屋梁经过时间的沉浸透出
一种温润的光泽，白墙有意设计成自然剥落的景象，青瓦反射出温润柔和的

淡雅空间

别致的屏风隔断，细腻的装饰搭配上红木古典家具，空间中又多了一份寂

冀无声的诉说，建筑与家具在木头的呼吸声中，将古朴的韵味带到空间中来。空间中长桌、椅凳、屏风等家具，按照古时的居住环境陈设，还原成最初的模样，让人倍感亲切，素雅、恬淡的民国风情依然。

文人风韵

三坊七巷原本就是文人墨客的居所，那份文化的气息与儒雅的气质，似乎在岁月中留了下来，墙面的诗、词、字、画虽不是前人所写，但横、竖、撇、捺、点的水墨痕迹中，亦见文人的性情与传统文化的古风遗韵。

禅意中式
福州铭濠茶会所

工程档案

项目地点：福建福州
面积：550平方米
设计单位：福建品川装饰设计工程有限公司
设计师：郭继
主要材料：青石、白珀、黑钛、玻璃钢
供稿单位：福建品川装饰设计工程有限公司
采编：谢雪婷

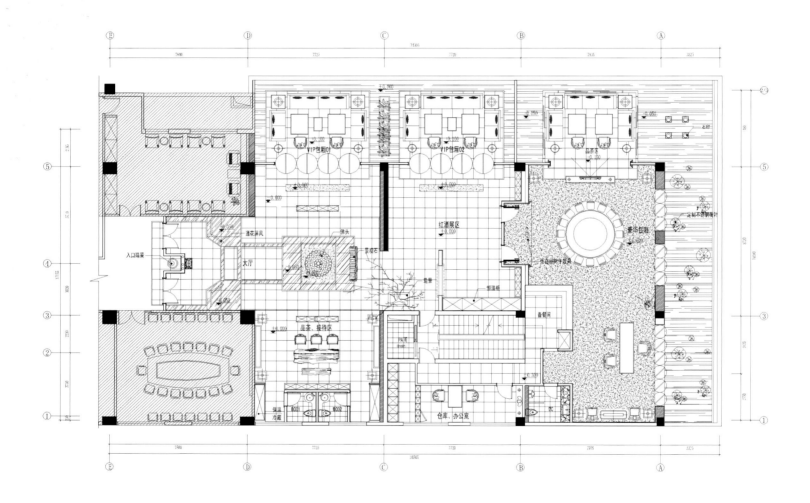

项目以自然与古朴为主基调，在中式风格的基础上融入了福州的闽文化、禅文化，空间中的茶香味道随之升华，天然的材质、淡雅的空间、茶与禅的意境无穷深远。

功能定位

会所位于福州市金融、文化艺术中心的鼓楼区，以"时尚、个性、品位、艺术、创意"的特色屹立于"美誉福州"温泉发源地的温泉路。项目整体定位是中

式茶会所，会所气质高雅，清幽的格调沁人心脾。茶会所不仅限于简单的品茶功能，还是集文化交流、茶品交易、休闲娱乐、商务洽谈为一体的多功能消费空间，主攻高端消费市场。

质朴基调

自然与朴素是空间的主打基调。设计师重新解构中国文化中的代表性元素，从色彩中提炼出黑与白，从形态中提炼出方与圆，从氛围中提炼出闹与静，最终塑造出一个精神需求与物质享受相融合的意境空间。

为了延展空间的视觉感受，设计师采用笔直的双线条牵引视线，用隔而不断的屏风制造视觉落点，用灰色过渡，又适当留白，将空间的静雅气质全然托出。因着茶文化的悠久历史和博大精深，一切的摆设都为彰显茶的主角地位而存在，满足人们对茶的一切追求与想象。

中式意境

会所设有五间独立的茶室，设计采用中式风格，以茶文化与禅文化相结合，运用建筑本身的结构特点，在装饰手法上凸显中式传统古文化，且在此基础上以更加国际化的形式来提炼山、水、茶、禅等文化。在宽敞大气的空间，设计师同时把闽文化融入其中。

装饰上运用了中式风格常见的材质，青石与黑钛相结合、实木花格为隔断等，都取材于自然，把空间装点得更为质朴、意境深远。

畅享美学构架
北京尊邸

工程档案

项目地点： 北京
面积： 1 400平方米
设计单位： Asylum and Love
供稿单位： Asylum and Love
采编： 吴孟馨

尊尼获加北京尊邸位于北京市前门大街23号，是中国东部与西部的历史汇集点。项目占地约1 400平方米，以完美的工业平台将尊尼获加的空间构架美学融入了生活。

推广威士忌文化奠定了基础，为高端威士忌交流创建了良好的机会。

功能定位

项目旨在创建极具现代感的空间，为敏锐的中国消费者展示威士忌背后最真实的故事。酿造威士忌的主要原材料和历史档案均被运于与设计，为引入与

震撼空间

威士忌酿酒间在整个威士忌酿造的过程中占据核心位置，因此酿酒吧内10 000根铜管竖向悬垂，呈现了一个美轮美奂的空间景象。长短不一的铜管组合成波浪造型，引导顾客进入酒吧内部。酒吧内，威士忌的酒

瓶摆放在高达三层楼的展示架上，在灯光的映衬下闪闪发光，带来无比震撼的空间感受。在展示架的顶端，酿酒的模型径直延伸到一层的调酒艺术空间。

身临其境

通往调酒艺术空间的黄铜大门上镌刻着亚历山大获加的箴言。除此之外，这里还提供沉浸式威士忌教育。走进艺术空间，大麦被封存在树脂中，然后被用于地面的装饰，就如同将大麦摊开在酿酒间的地面上干燥一样。酿酒的模型从缝隙处进入空间，成为室内的一大特色。

星座墙呈现出分布于苏格兰各地的品牌酿酒作坊，围绕调酒台，进一步以混合的威士忌味道阐述威士忌文化。

私会自然
惠州林间会馆

工程档案
项目地点： 广东惠州
面　积： 1 500平方米
设计单位： 深圳秀城设计顾问有限公司
主要材料： 混凝土、钢结构柱子
供稿单位： 深圳秀城设计顾问有限公司
摄　影： 陈中
采　编： 陈惠慧

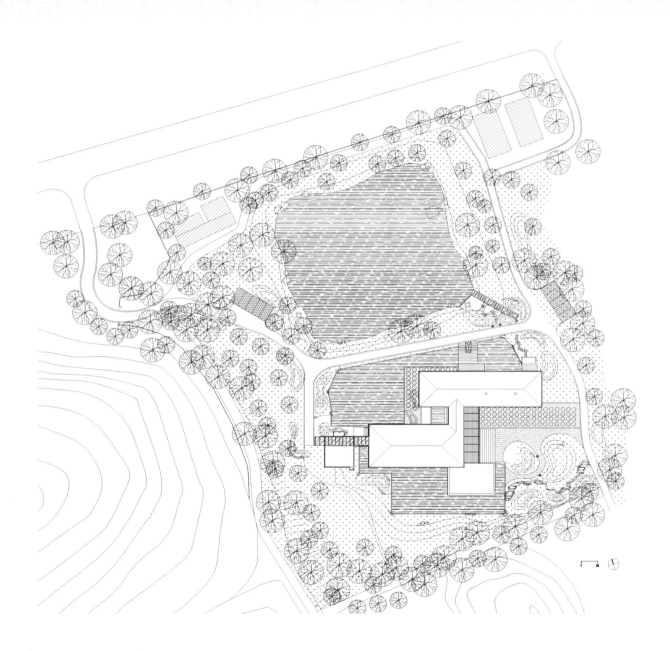

项目利用当代技术手段部分地实现了地域性的场景再现，使建筑与自然达到和谐，帮助现代人回归乡土自然，回归南方农村屋檐底下灰空间的舒适体验。

所，供人们采摘果实、沐浴就餐、短暂停留休息，感受大自然之美。整个设计中体现了自然的宁静之美，使建筑与自然完美融合。

功能定位
项目位于广东惠州，主要被用做中秋节祭祖、家庭聚会的私人会所，城里人士返乡在果园内搭建一个交流的"平台"。同时它作为企业总部的接待会

空间设计
项目设计理念是以房子为配角，突出自然宁静之美。

"平台"躺在大自然怀抱内水平伸展,悬浮于基地。作为实体的厨房被独立出去,作为虚体的客厅与餐厅采用全透明的做法让建筑消融于环境之中,内缩的空间提供了风景画框一样的视觉体验。房子与外界的能量交换,采用了可持续设计措施,减少能源消耗。流动的水面穿过建筑的架空层流入池塘,起到调节微气候的作用。站在露天的户外木地板大平台上仰望星空的观者,可以感受到通过木板缝隙透上来的地气。玻璃滑动门拉开后,还可以在室内外以及廊道之间自由地穿梭,模糊了空间与时间的界线,仿佛回到了童年游戏的时光,乡下的记忆隐约浮现。

设计特色

项目以钢结构为建造模式,创造出一种在山岭果园基地内不宜以

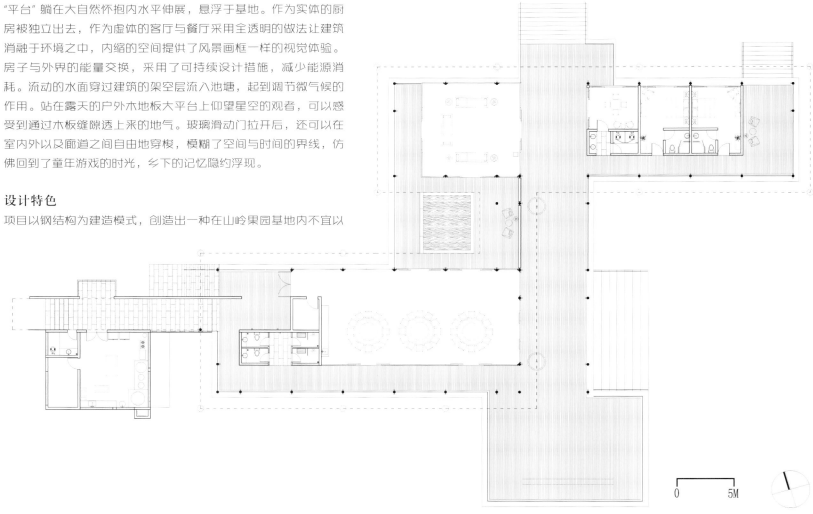

0　　　5M

钢结构搭建建筑的新模式。直径180毫米的钢结构柱子实现了比较纤细的结构，钢梁及钢屋架让房子变得轻盈且牢固，双层屋面的做法有利于通风隔热，建材可回收再利用非常环保。同时钢结构房子有利于建筑的可循环回收，方便通过技术手段减少建筑的碳排放对环境的破坏。离地面1.2米高的房子下面有水流经过，水汽可以透过室外平台木板间隙，调节活动平台的微气候。项目采用了部分可持续设计方案，比如雨水收集、生物净化污水等。

项目回访

问：项目的设计概念或主题是如何产生的？

陈颖：对于这个房子，业主的原始需求是用于中秋祭祖家庭聚餐，而当我们到达现场之后发现这是一个被树木和山丘包围的空间，就想着能否让房子成为环境一个谦虚的配角，而不是生硬地做一个实体的建筑粗暴地介入其中。这个房子应该是与自然融合，房子和户外空间互融、互通，人在此可以充分地释放心灵。

问：从设计构思到项目完工经历了多长时间？期间与业主、施工方有何有趣的互动？

陈颖：经历了1年多，业主最初的想法是盖个四合院，偶然看到凤凰卫视筑梦天下里介绍了密斯设计的玻璃房子，发现玻璃房子的基地与自己的相似，很兴奋，想法又发生了些许改变，要弄个透明房子。而当房子盖到中途时，业主去了一趟欧洲，欣赏到教堂的分割，随即就问：能不能在坡屋顶上弄出个拱顶和天窗来？当然被我们拒绝了。

问：项目设计过程中或施工过程中发生什么比较有趣或记忆深刻的事情？

陈颖：最有趣的还是业主在整个过程中对造价的改变。刚开始业主的想法是总价不能超过200万人民币，我们就尽量选择当地物美价廉的物料，当房子建到一半的时候，业主兴致大发，想把此建筑做得更好，就增加100万造价，要我们把流水的元素引进基地中，房子中水池内院旁的虚格，原设计是用当地砖的搭接方式来做的花架，业主觉得不够气派，拆除后选了些贵重的木料来做他们认为好看的博古架。

问：从这个项目设计中，有何心得体会？对以后的设计有何重要的影响？

陈颖：我觉得钢结构是未来社会中很有生命力的一种构建手段，在设计之初想法往往比较美好（比如说想做低碳建筑），可实施起来确实是很不容易的。好的建筑不一定是一个彰显自我的建筑，大自然会给我们无穷的灵感。在日后的设计中我们会加大对钢结构建筑实施的研发。

问：自身而言，平常生活中有哪些兴趣爱好？主要从哪些事物中汲取设计灵感？

陈颖：我喜欢参加自我探索的团体学习、陪小孩玩和大自然接触，还有参加一些有助于专注当下的运动。通过减弱自我、敬畏生命和自然，并且聆听造物主给我们的指引来获得设计灵感。

问：你认为当今会所空间设计的趋势是什么？如何设计才能体现出会所的特色？

陈颖：传统型会所喜欢追求奢华的感官享受，可孰不知亲近自然、启发心灵的空间才是更大的奢华。在繁华物质世界越来越喧闹的背景下，会所设计的未来趋势是帮助人们去寻求内心世界的平静，回归本源活在当下，选址必将越来越往山野转移。设计出一个让人感觉自在，并喜欢在这里坦诚沟通的会所，才能体现出会所最大的特色。

陈颖

深圳秀城设计顾问有限公司 创始人/设计总监 / 深圳大学艺术学院客座教授

代表作品：东方情怀样板房、风临洲售楼处、正中时代广场、TCL 国际E城等。

超前体验
售楼部会所

售楼部会所顾名思义就是销售楼盘的会所。售楼部会所往往体现了住宅区的档次，或者说会所本身就成为楼盘销售的卖点，成为体现小区文化的窗口。利用项目会所做售楼处是目前常见的形态，这样做一举两得，既提升了售楼处品质又不会造成浪费。因此会所就附上了销售的含义，承担着接待宣传、洽谈业务、休闲体验的功能。

售楼部会所有别于一般的楼盘销售中心，除了重点突出沙盘区的设计，会所更倾向于休闲区与体验区的设计，功能应更多元化、空间更具品质化、设计更贴近人性化。这也决定了目前售

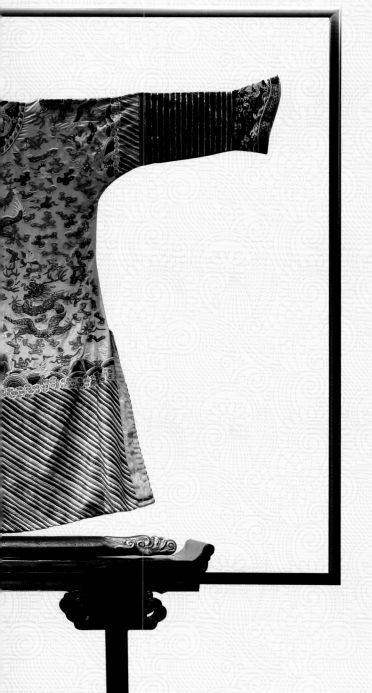

楼部会所越倾向于情境体验的设计，让顾客可以清晰地、超前地了解自己的未来家园。

从这一角度出发，售楼部会所的设计风格首先应该与整个楼盘的风格、定位相吻合。同时，注意内部功能分区合理、动线组织流畅，其中的重点区域如展示区和休闲体验区，不仅要在造型、材质、摆设等方面强调简洁、大气，还需要借助灯光组合和色彩等设计元素，合理布局空间。同时，要注重细节的设计，从细节彰显品质，为客户提供极具感染力的超前体验。

尽带黄金甲
广州珠光·御景壹号会所

工程档案

项目地点：广东广州
项目面积：9 200平方米
设计单位：香港郑成标建筑装饰设计事务所、广州市铂域建筑设计有限公司
主要材料：墨桃玉、鹅毛金、金蜘蛛、法国流金
供稿单位：香港郑成标建筑装饰设计事务所
采　编：罗曼

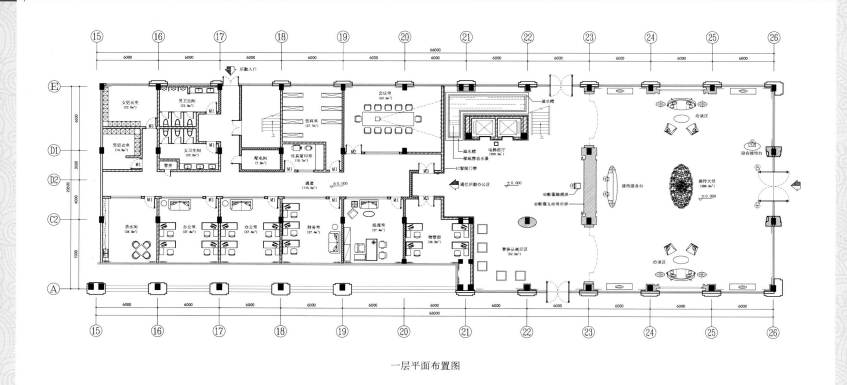

一层平面布置图

珠光御景壹号会所地处三江交界处，利用旧仓库改造而成。会所设计以展示奢华的空间感为重点，采用华丽高贵的金黄色调，金光灿灿的空间具有"满城尽带黄金甲"之势。宽阔通透的空间与周边江景地势完全融合，打造出一个高品质的售楼会所。

功能定位

珠光御景壹号坐落于三江环绕的白鹅潭核心之上，所处地块为新白鹅潭经济圈核心区、广佛之心商务核心区、旧广铁南站历史文化区，坐拥优越地理资源。入住人群多为精英富豪。售楼部兼会所为江边旧仓库建筑改造而成，拥有很好的层高条件及景观条件。

空间布局

项目楼高三层，一层为大堂；二层包含了沙盘展示区、VIP区、接待室、VIP包间、艺术画廊等，整体空间注入现代雅迪高建筑风格，奢华典雅、大气恢宏；第三层为天台，三江之景，尽收眼底。

奢华空间

会所大堂层高数十米，玉石为主，米金色的鹅毛金为辅，中央内悬挂一盏椭圆形水晶灯，时尚高雅，熠熠生辉。二层沙盘展示区的地毯更以"云山珠水"为题。VIP区入口两侧水晶灯层层相叠，营造出都市华灯初上，万家灯火的情景。接待走廊配以酸枝木饰面，纹理丰富、细腻，墙上画框黏有立体的锦鲤饰物，更是动感缤纷。每间接待室的入口大门都非常气派，两只琉璃镶成的门把高三米有余，晶莹剔透，独有的中式韵致表露无遗。四间VIP房风格各异，有以玉石为题，有以雪茄收藏为趣，更有尊以沉香、黄花梨为贵。会所艺术画廊收藏着知名艺术大师的书画名作，还有本土的广彩、广绣等传统工艺以及西关顶级珍藏玉石翡翠等，这些都为会所增添华贵的色彩。

金黄基调

从空间色调到灯光设计，整体运用金黄为主色调，对奢华空间的理念作为设计补充。大堂地板与背景墙都运用了金色的玉石作为石材，吊顶上的大型水晶灯散发暖暖的金黄灯光，空间的恢宏、大气彰显无遗。

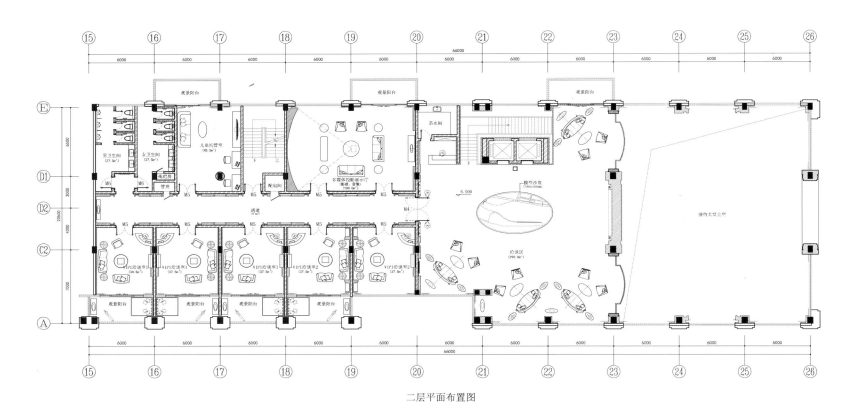

二层平面布置图

山城印象
重庆复地南山销售会所

工程档案

项目地点：重庆南山
面积：1 600平方米
设计单位：思邦建筑（SPARK）
主要材料：卷帘、织物、镜子、玻璃、大理石、油漆、塑料层压板、户外木制平台、不锈钢
摄影：Ajax Law Ling Kit, Virginia Lung
采编：盛随兵

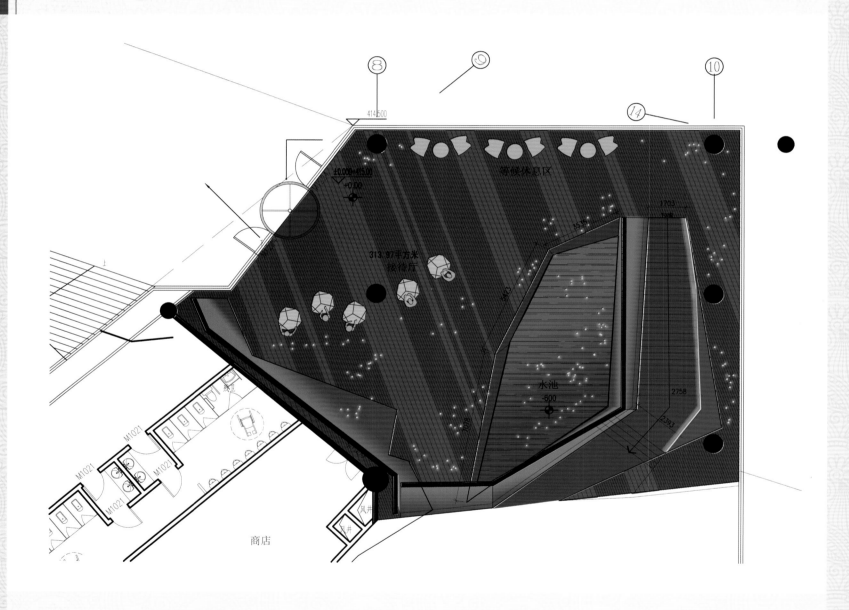

项目设计灵感来自南山区的地理背景，以"山"作为设计主题。建筑融入了当地地势与景观，同时三角形被大规模地应用在室内设计上，营造众山环抱的感觉，而挑高的天花装饰吊灯，则缓和了山城的刚硬气质。依"山"而建，三角形设计营造"群山"的概念。

功能定位

从重庆市中心向南隔长江相望，是有名的南山风景区。此处层峦迭嶂，与大

江一起环绕山城。复地南山会所刚好位于山河庇荫的南山区，秀丽景色自然成了设计的灵感来源。

空间布局

会所被诠释为一个以普通的双层公共空间为支点所形成的连续折叠式循环的建筑物。公共空间将建筑的不同元素相连接，包括健身房、游泳池、儿童园地、办公室、艺术和手工制作教室、会议室、餐厅以及咖啡厅。该公共空间

暂时用做展厅及别墅售楼处，来回应和满足客户的需求。

环绕会所的是一个碧波荡漾、涟漪泛泛的浅反射湖。木质平台勾勒出建筑物优美的轮廓，横跨湖面的连桥将大堂与别墅相连。

顺势造景

思邦设计认为，"场地独特的地理环境是我们设计的灵感来源"。因此设计旨在将陡峭地形、优美绿地和景致融入整个建筑的空间体验之中，与周边美景相得益彰。随着地势的急剧下降，各功能空间沿地形条件顺势排列，既融入环境，又满足了业主方对功能的需求。因此，当人们流连于蜿蜒的景观带时，更是置身于一个健康的、活力的、互动的社区空间环境之中。

空间主题

根据地形构想，室内空间以山岳幽谷构成。墙壁以布满灰色的三角及倾斜的线列组成，营造出一幅充满力量及动感的山势地形图，渲染出不论室内室外，皆被众山环抱的感觉。大量不规则的三角形组合带出了"群山"的概念，表现出重庆山城气势磅礴的一面。

浪漫灯饰

室内挑高的天花提供了垂直空间，利用一串串LED吊灯表现出西南地区雨丝婆娑的诗意风情。灯雨又带来轻软柔和之美，不但缓和了建筑被群山环绕的刚强之感，也为人们的视线进行缓冲，并为空间增添了一丝浪漫与优雅。

"六感"概念
新北海德公园售楼处

工程档案

项目地点：台湾新北
项目面积：3 960平方米
设计单位：玄武设计群 Sherwood Design Group
主要材料：马赛克中空板、密底板雷射切割、手工地毯、木作喷漆、铝塑板
供稿单位：玄武设计群 Sherwood Design Group
摄影：王基守
采编：谢雪婷

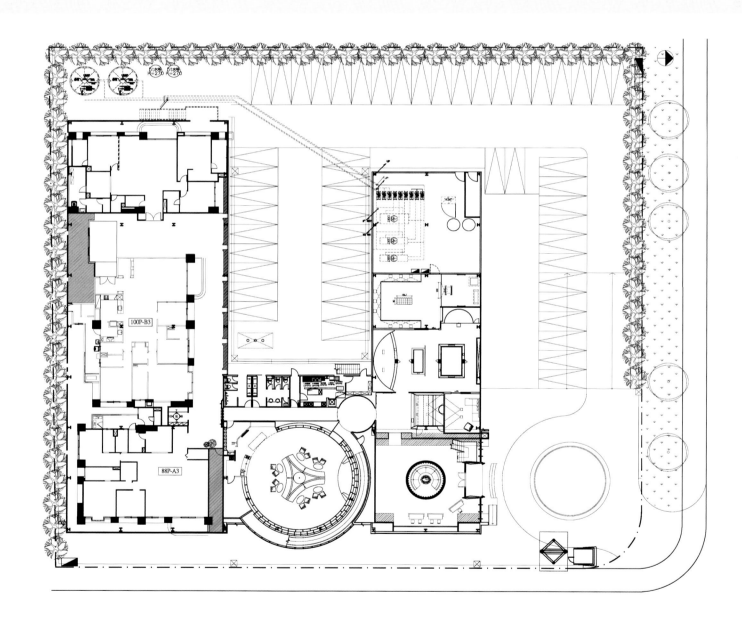

设计师提出创新的"六感"概念打造空间，旨在深入加强建筑与访客的关系，打破了建筑的生硬感，期待建筑能与人进行深度交流。建筑外立面采用镂空设计，搭配色彩光影的变化，整座建筑仿佛巨型的雕塑玻璃盒子。

功能定位

海德公园坐落于台湾新北市新庄区的首要位置，凸显了区域的代表性及地域

价值。以水岸、绿廊、空桥串联的花园城市，5万平方米的绿地面积环绕，形出新北市最高绿化率的城市花园，让海德公园成为新庄的"绿宝石"。

设计理念

设计师提出"六感"建筑的概念，让建筑物增强了与访客、居住者的互动与联系。

所谓"六感"建筑，是将空间视为有机生命体，以视感、听感、嗅感、味感、触感等五官机能，与参访者对话、互动，让人用五官感受建筑的每一部份，更以触及人心、直诉心灵的第六感，为访客带来深刻的"灵感"体验，创造建筑与人的深度交流。

惊艳外观

建筑物如同一座巨型雕塑，以玻璃、钢材、镜面喷砂、镂空图腾、电路板造型线条等素材，交织成极具强烈现代感、蕴涵企业精神的大器外观。进入光雕彩盒般的建筑，V形入口的大厅打破水平与直角的限制，从缝隙中洒落的绚丽灯光，让白色镂空的会馆呈现出剧场美学的惊艳视感。

感官材质

触感是透过色彩、形状、材质、光影的变化，巧妙地唤起触感记忆。钢铁、玻璃帷幕、玻璃马赛克、大理石、木材，不同材质营造出既反差又融合的奇异感受。古雅的镂空图案、喷砂玻璃图腾、巧妙的透光雕塑，运用光影的互衬创造立体感；LED灯光变换暖色与冷色，透过天花板，制造细微晕染与涟漪回旋的动态，酝酿出令人惊艳的视觉效果。

V形大厅里，把锯齿状阶梯想象成曲折的琶音与和弦，镂空壁板藏设LED灯，每15分钟切换色彩，馆内与走道瞬时流光溢彩，整体空间呈现出丰富韵律的听感。

意象设计

本案致力理性机能与感性美学的极致平衡，凸显建筑之有机生命，是为灵感；设计在绿化与节能之概念着力甚深，透过轻盈流动的风，空间设计巧妙地连结人们的嗅感；同时运用故事性意象，自建筑外型到内在设计，从企业标志、电路板线条、玻璃马赛克中都暗示"太阳能光电"的环保意识，以六角形苯环分子结构象征着数字智能，与味感相呼应。

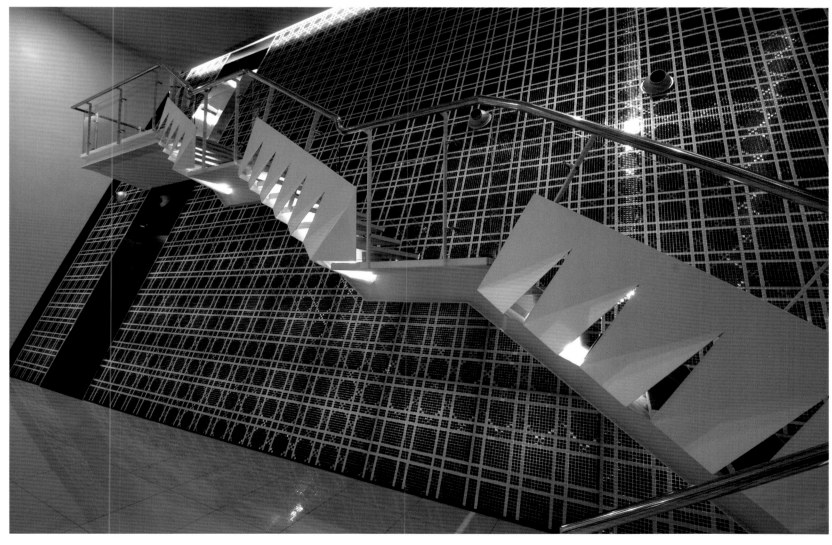

项目回访

问：项目的设计主题是如何产生的？

黄书恒：作为伫立于工业区的主要建筑物，我们有意打造一座崭新的地标，除维持会所的商业机能之外，更希望藉由这幢建筑的完成，让生活在水泥丛林的都市民众，有一处阖家休憩的场所，四周风景也能因此变化，饱含故事性和诗意。我认为，与民众互动的建筑才能发挥最大的意义，无论是以什么方式。

我们分两个方式进行，一是按照空间顺序，保留机能之余，添加故事情节（硬装素材）。因为售楼处讲究人际关系，更须让访客沉浸在和谐、足堪回味的氛围中，所以我们按照五种感官的享受模式，以玄武设计一向的"冲突美学"手法，加上直达心灵的"第六感"，祈望全面地关照着人们的感受；二是运用光影变化，搭配各空间属性，将服务人员的安排以及访客动线等（软装细节）全纳入设计范畴，为白昼塑造一座友善的公共艺术建筑，为夜晚打造一座磅礴地景。

问：项目设计过程中或施工过程中发生什么比较有趣或记忆尤深的事情？

黄书恒：一如前述，这座建筑可说是由"光影"堆砌而成，灯光设计的重要性自要跃居首位。为应空间属性而呈现各种视觉效果——大气、柔和，我们与专业的灯光设计师反复讨论，通过尝试一一失败一一再尝试，终让灯光效果达到最大值，让建筑成功地呈现立体效果。回想交辩的过程是极富意义的，也让我们更能掌握设计灯具的运用。

问：从这个项目设计中，有何心得体会？对以后的设计有何重要的影响？

黄书恒：有些人会将硬装素材视为空间主角，对我来说，灯光的安排才是关键。它可以轻易影响人们的情绪，甚至主导人们的感受，尤其对于商业导向的空间而言，灯光更可谓掌握着洽谈的成败和互动的顺利与否，借此设计经验，我们更能掌握灯光与人们的对话关系，也更注重"不可触"甚至是"不可见"的空间细节。

问：你认为当今会所空间设计的趋势是什么？如何设计才能体现出会所的特色？

黄书恒：现在俨然是"美感经济"的年代，随着生活环境的富裕，人们对享受的要求更多了，对于"享受功能"的空间需求，自然也水涨船高，何况，会所设计是一个具有历史厚度的领域，能登堂入室者，唯有社会上的名流、雅士，强烈的标签化特质，在当今讲究个性化的时代里，显得更为重要。

我认为，"会所设计"将不再把金碧辉煌的视觉效果视为唯一，取而代之的是"细节"的安排，包括所有软硬装的铺陈，不仅是对象，更讲究对象与对象、对象与人的和谐对话，通过全盘而缜密的思考，为顾客打造出真正的"顶级会所"。

黄书恒

台北玄武设计＼上海丹凤建筑工程有限公司　主持建筑师＼设计总监

代表作品：远雄新都售楼处＼样板房、台北国际花卉博览会梦想馆、海德公园售楼处等

欧式新贵
深圳宝安天御营销中心

工程档案
项目地点：广东深圳
项目面积：1 800平方米
设计单位：深圳市盘石室内设计有限公司
设计师：吴文粒　陆伟英
主要材料：维也纳米黄大理石、茶镜、玫瑰金、黑檀木
供稿单位：深圳市盘石室内设计有限公司
采编：陈惠慧

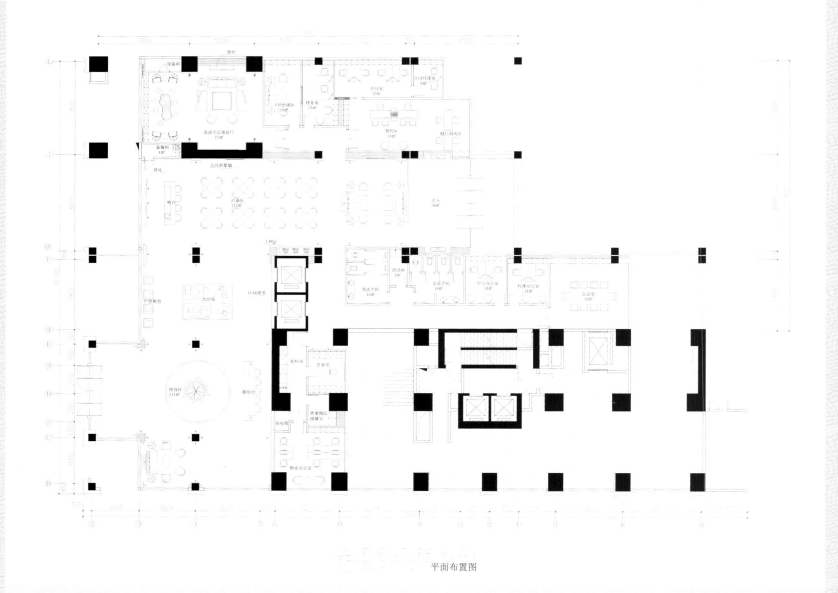

平面布置图

项目是深圳天御大宅的售楼部，地处滨海地带，面向财智阶层，因此以后现代手法打造，采用欧式常用的元素符号，把高端华贵的空间品质展现出来，为来此的客人提供未来家园的超前生活体验。

一的滨海中心带，尽享一线海景，周边商业云集，海、陆、空、轨道四维交通网络立体化密布。目标客户定位为追求高品质生活的深、港财智阶层。

功能定位
由榕江地产倾情打造的天御大宅位于新湖路和兴华一路交汇处，地处深圳唯

后现代手法
空间设计采用高贵时尚的格调，以后现代的手法打造。设计保留了以往风格装饰中的材质、色彩的风格、历史的痕迹与浑厚的文化内涵。后现代的手法

打造为空间添加了浓郁的温馨情调。后现代风格将怀古的浪漫情怀与现代人对生活的需求相结合，兼容华贵典雅与时尚现代，将高贵的单纯和静穆的古希腊文明融入现代家居生活，赏心悦目。

采用拼花或沉稳厚重的深褐色地毯，搭配精致的提花窗帘，高贵的布绒沙发提升了空间的品位，华贵大气。精美的材料营造出整体空间的艺术气质，把风格融入现代设计细节中。

欧式元素
设计中采用了欧式风格惯用的元素来体现后现代特点，功能区的地面大面积

海之境界
深圳湾厦海境界售楼处

工程档案

项目地点： 广东深圳
项目面积： 1 276平方米
设计单位： 深圳市朗联设计顾问有限公司
设计师： 秦岳明
主要材料： 海天一色石材、柚木、肌理涂料、白色人造石
供稿单位： 深圳市朗联设计顾问有限公司
摄影： 井旭峰
采编： 陈惠慧

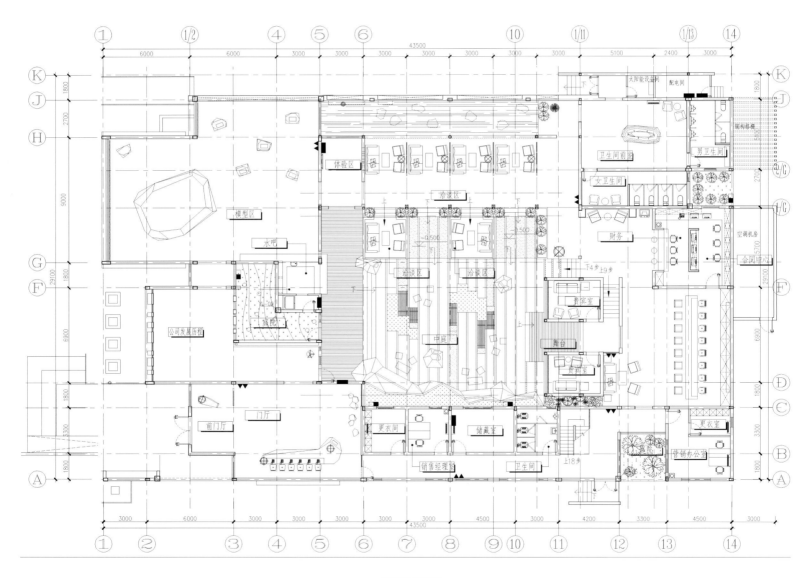

一层平面布置图

售楼部设计以"光合"理念为轴线，外观简约而内里明朗、开阔，内部的各功能空间则围绕中庭展开，或通透、或转折、或承托、或婉转。透光的天花，以引入自然光线作为照明，体现了以人为本的环保和节能主理念。

功能定位

海境界项目定位为滨海地标级跨界综合体，涵盖了高端住宅、甲级写字楼和顶级商业等多种物业形态。因此，海境界售楼处所扮演的角色更是要符

合高标准，不仅要承载楼盘形象和销售完成等功能，而且要给予客户无与伦比的完美体验。

空间设计

空间中处处都体现了设计师的无限创意，让客户感受海的异样情怀。透光天花下飞翔的群鸟装饰，天花下如山坡一样起伏有致的中庭，藏在盒子一样悬在半空的洽谈小屋，这些随处可见的各色艺术品，把设计师对生活的领悟，对海的热爱融入其间，让同样爱家恋海的人，在这里找到心灵的共鸣。

无形胜有形

棱角分明的接待台和同系列的沙盘、模型台，仿佛屹立海岸边的岩石，看似随意置入空间，其实摆放极为讲究，就像大海潮汐划过的痕迹，站在不同角度呈现给人不一样的形状。模型区周边几个白色岛台镶嵌着高科技触屏电子楼书，和不规则天花形成呼应。简约的外观，丰富的内涵，参观动线上恰到好处的开合进深，起承转合，无处不在的创意表现，把空间的境界演绎得淋漓尽致。

品质奢华
福建凯隆橙仕售楼接待中心

工程档案

项目地点： 福建
面积： 4 000平方米
设计单位： 福建品川装饰设计工程有限公司
设计师： 郭继
主要材料： 黑金龙大理石、黑钛不锈钢、茶镜、墙纸、银箔饰面
供稿单位： 福建品川装饰设计工程有限公司
采编： 谢雪婷

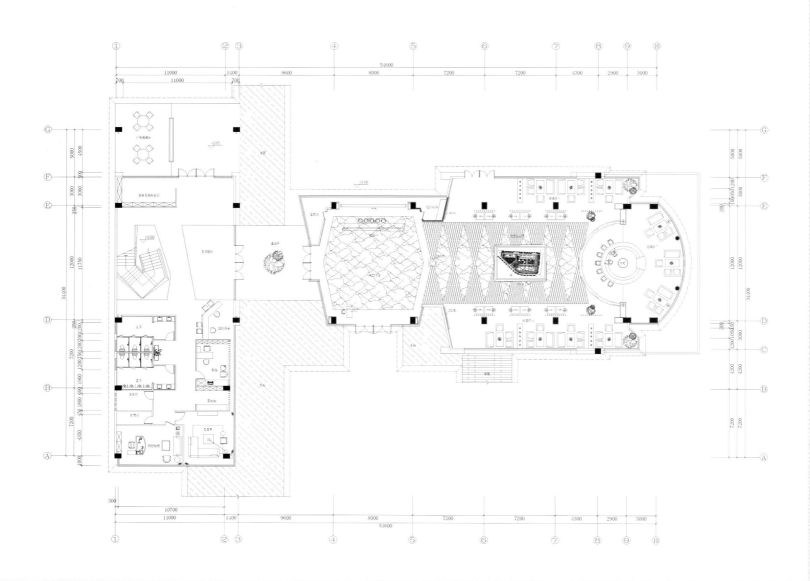

这是一个拥有丰富质感的空间，设计师通过对空间的合理布局与陈设的精益求精，实现了"功能"、"材质"、"视觉"三大要素的平衡处理，满足了人们对奢华品质的美好希冀。

功能定位

项目位于马尾快安投资区江滨大道双协路西侧，北至规划河浦，南向与西向至名城港湾二区，东至双协路，用地性质为商业和办公用地。

视觉盛宴

大理石地面沉稳而大气，在它之上的物件似乎也汲取了这份品质，并慢慢散发而出。前台区域的吊顶上，经典的黑白色以波纹的形态循序渐进，牵引着人们的目光，使人们对延伸而进的空间充满了期许。沙盘上方的水晶像雨

点般装饰着整个大厅，构成了空间视觉上的节奏感，营造出了这个区域典雅的主题。与此同时，折叠形的吊顶装置也运用其中，让整体氛围在一动一静之间微妙而和谐。

布。正前方的导购台在一个错层之上，两侧的墙面用红铜镜铺陈，它们一同形成的交叉视觉层次似乎有意打破某种风格的平衡，但又在合理的情境之中。其背后的休憩洽谈区毗邻落地窗，通透的视觉感官沁人心脾。沙盘的两侧同样是休憩的空间，设计师用浅色调的木隔栅做了软性的视觉划分。丝绒材质的沙发椅将空间的舒适氛围调动起来，并与周遭的陈设呼应。这既是纯粹的生活片段，又是时尚的完美演绎。

空间设计
沙盘可以视为这个空间的中心区域，其他功能区域以它为轴，沿周边分

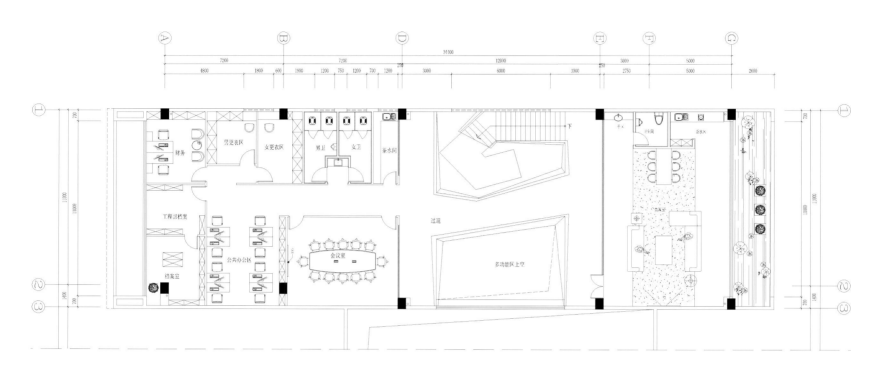

空间碎片
台北"传承"销售中心

工程档案

项目地点：台湾台北
项目面积：400平方米
设计单位：CYS.ASDO
设计师：Chung-Yei Sheng
主要材料：木材、钢化玻璃、鹅卵石碎石、木饰面板
供稿单位：Zhon Yin Construction Company
摄影：李国民　K.M. Lee
采编：谢雪婷

❶ 停车场	❺ 室内大堂	❾ 茶吧	⑬ 设备处
❷ 保安	❻ 船	⑩ 休息室	⑭ 模型区
❸ 入口	❼ 亭子	⑪ 露台	⑮ 走廊
❹ 大堂	❽ 庭院	⑫ 办公室	⑯ 样板房

本案设计采用 "碎裂" 为表现形式的建筑布局，将不同的建筑功能分散在不同的碎片化空间之内，并通过交替和咬合的设计方法，在空白空间装饰绿色植被，创造出互相交织的视觉效果。

功能定位

这座位于台北市的建筑，名为 "传承"，用做房屋销售中心。由于项目用地不规则，与投资方沟通后，设计团队所决定采用与设计传统大相径庭的设计方案。

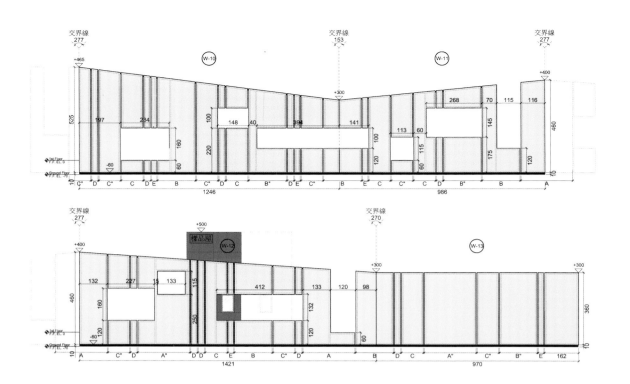

"碎裂"建筑

不像常见的单一建筑形式,"传承"采用了"碎裂"的建筑布局,将不同的建筑功能分散在不同的碎片化空间之内。建筑用外壳将分散的建筑单元连接到一起,形成一个统一风格的外饰壳,并在适当的位置加入窗户,以显示景观中最好的方面,同时掩饰不足的方面。项目通过采用交替和咬合的建筑设计方法,创造出一种空白空间和空隙空间互相交织的氛围。

另外,通过在空白空间装饰绿色植被,各个空间以不同的方式与自然环境建立联系。通过压缩和延展,建筑师创造了一个连接各个分散空间的统一外壳。

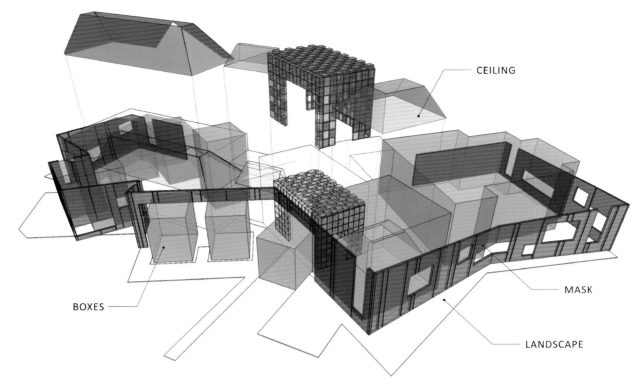

CEILING

BOXES

MASK

LANDSCAPE

中西合璧
台湾新业博观公设售楼部

工程档案

项目地点： 台湾台中市

面积： 545平方米（室内）2 125平方米（景观）

设计单位： 清奇设计 / 苏静麒建筑室内设计研究所

设计师： 苏静麒

主要材料： 美国棕石、印度鲸灰石、印度黑、大陆观音石、刷宜兰石、铁刀木纹砖、贝壳砂、人造户外木地板（室外）
胡桃木皮、编织材、铁刀木纹石、印度鲸灰石、黑镜、茶镜、编织地毯（室内）

摄影： 刘中颖

采编： 谢雪婷

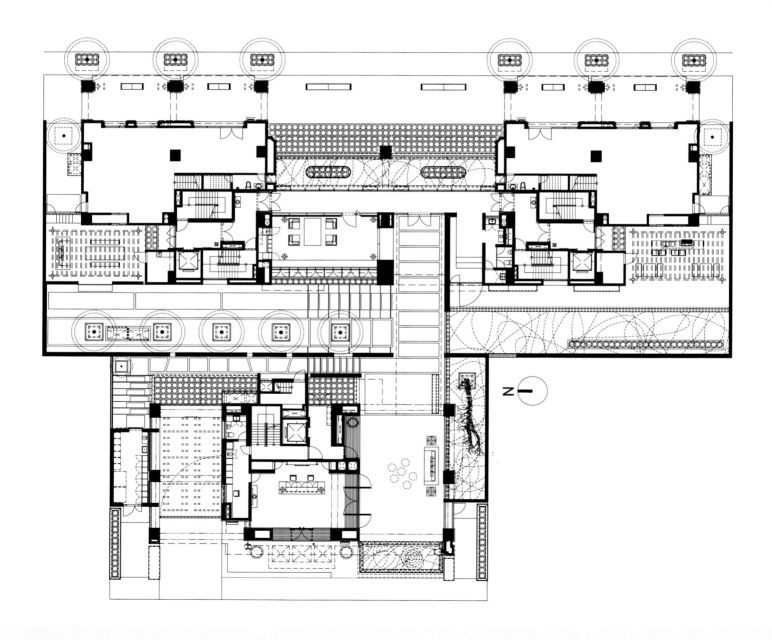

项目在风格上，设计师们仍尝试用东方的设计调子，但却是现代的语言，运用折转层次的手法，一层层，借由墙、水、影等创造掩映的具有丰富内涵的小型公共空间。

静的都市绿景回应嘈杂的商业街道，希望成为大隐于市的住宅社区。在大楼公设售楼部，一楼设有贵宾室、户外BBQ、品茶区和生态水池，夹层则是图书室兼交谊厅、健身房，顶楼规划眺望平台、晒被区和空中花园。

功能定位

新业博观选择次要道路成为社区的主入口，面向主要道路侧则设计一个宁

空间归属感

项目中呈现墙、阴影、反影、水等元素，通过简单的几何表现出强烈的空

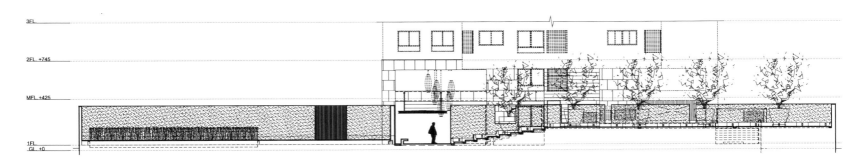

间归属感，以空间的宁静氛围，让东、西方设计元素包含其中。

多层次空间
项目因为采用了少见的半户外大厅的设计形式，配合水池的设置，所以在中部亚热带的气候下，流动的

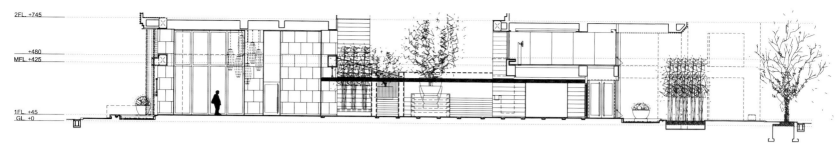

气流确实可以产生宜人的舒适感。室内的大开窗，再加上层层的天光由建筑间留设的中庭透射下来，使得小空间呈现多层次的自然氛围。

项目回访

问：项目的设计概念主题是如何产生的？

苏静麒：此项目的设计体现的是我们公司一直尝试呈现的"空间的存在感"的四大主题（时间感、光与影、自然形象和剧场感）之一 —— 时间感，其概念是运用东方空间的迂回手法以及现代空间的单纯语汇去呈现充满时间感的空间。

问：从设计构思到项目完工经历了多长时间？期间与业主、施工方有何有趣的互动？

苏静麒：我们经手的每一个住宅公共会所，都是从建筑发展初期便已投入，所以从构思到完工，大约需要三年的时间。业主是我们长期合作的客户，而施工方也是由业主负责，故配合上已有多年默契，甚至有些概念还是由业主提供的，如主入口选择在次要道路上的迂回进入方式。

问：项目设计过程中或施工过程中发生什么比较有趣或记忆尤深的事情？

苏静麒：在材料的选择上，我们本来有更大胆的提案，即把砂岩作为外墙材料，使其在本质上更具东方主题的表现性，但在实际运用中遇到了诸多困难，而且对此建筑物的维护也比较困难，但对设计主题来说，的确是一大憾事。

问：从这个项目设计中，有何心得体会？对以后的设计有何重要的影响？

苏静麒：对现代空间中的半户外空间的空间质量，有更多的开发与体验。我们早在2010年获得的TID公共空间金奖的作品中，就已执行过类似方案，所以它已是我们着重表现的内容之一，而我们未来也将沿着此方向，继续尝试表达"空间的存在感"。

问：自身而言，平常生活中有哪些兴趣爱好？主要从哪些事务中吸取设计灵感？

苏静麒：我喜欢阅读文字，从大量的文字中体验不同时代人们的生命历程，而在设计中，除了文字，自然的意象、回忆里的场景等，都是我灵感的泉源。

问：你认为当今会所空间设计的趋势是什么？如何设计才能体现出会所的特色？

苏静麒：我认为现代会所空间，除了满足生活日新月异的机能需求以外，在不同文化区域中也应有其区域特质，而空间除了表面形式的呈现之外，更应让体验者有深层的生命感受，并探索本质的恒常特质。

苏静麒

清奇建筑室内设计研究所　设计总监

代表作品：理和原风景接待中心、莲园宽藏公设、惠宇青云公设等

"玻璃盒子"
安庆金大地华茂1958销售中心

工程档案

项目地点：安徽安庆

项目面积：1 100平方米

设计单位：深圳市矩阵纵横设计公司

主要材料：新月亮古、波斯海浪灰、九龙壁大理石、老玻璃、黑钢氟碳漆面、黑镜、木饰面

供稿单位：深圳市矩阵纵横设计公司

采编：陈惠慧

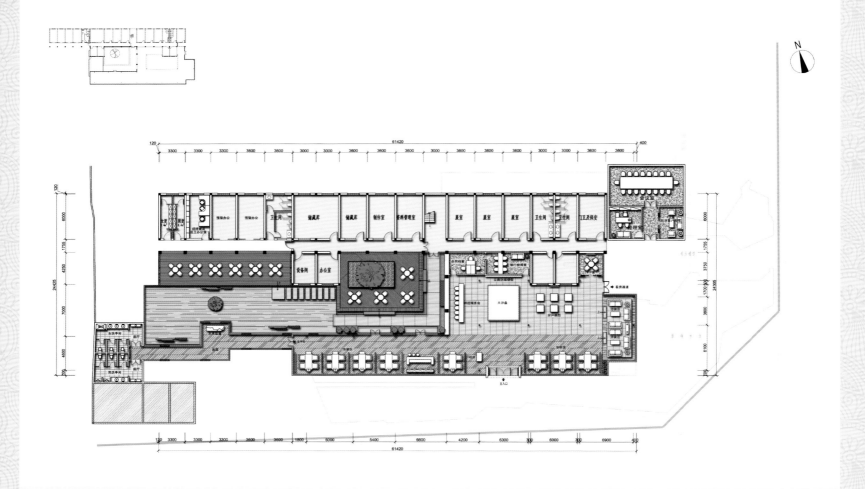

项目在不破坏老建筑的前提下，同时考虑销售展示的特性，采用敞开式设计，以大幅玻璃围成的立面仿佛一个玻璃盒子。空间中使用典雅、质感的材质和软装设计，构画出具有新中式味道的空间。

功能定位

项目是金大地华茂1958的销售会所，位于安庆市纺织南路华茂老厂区，地处城市商业中心区与三湖城市景观区交集处，是目前安庆市区建筑体量最大、业态类型最丰富、城市功能最完整的城中之城，目标客户为城市的精英阶层。

空间设计

会所是在原老建筑的前提下搭建一个新的展示厅，原则是不破坏老建筑，因此建筑的体块简洁明快，方正大气，通透感强。室内的空间延续了建筑的体块关系，由于考虑到销售展示的特性，在客户流动线上也

是如此设计，除了半通透的隔断以外，全部都是通透开阔，整个销售中心就像被放置在一个玻璃盒子中，在老建筑的映衬之下显得越发精致、动人。

天顶的灯具为不规则的造型设计，同时做出了中式灯笼的质感；沙发靠枕上的红花凸显中式情结，与座椅的缎面配合得相得益彰。

新中式意境
空间设计采用新中式意境打造，大堂左手边是一幅巨大的大理石墙壁，有泼墨山水的质感。地板为灰、褐两种颜色，完美地衔接了石壁和洽谈区。洽谈区的桌面颜色和地板颜色相近，营造视觉上的个整体感。

色调搭配
整体色调采用优雅的蓝色和典雅的灰色相融合，将现代风格和中式风格巧妙地结合在一起，体现出新中式的独特美感，同时把空间的优雅与质感彰显出来。

创新中式
宁波京投银泰钱湖悦府售楼会所

工程档案

项目地点：浙江宁波
项目面积：850平方米
设计单位：深圳市昊泽空间设计有限公司
设计师：韩松
主要材料：白沙米黄、虎檀尼斯、泰柚
供稿单位：深圳市昊泽空间设计有限公司
采编：陈惠慧

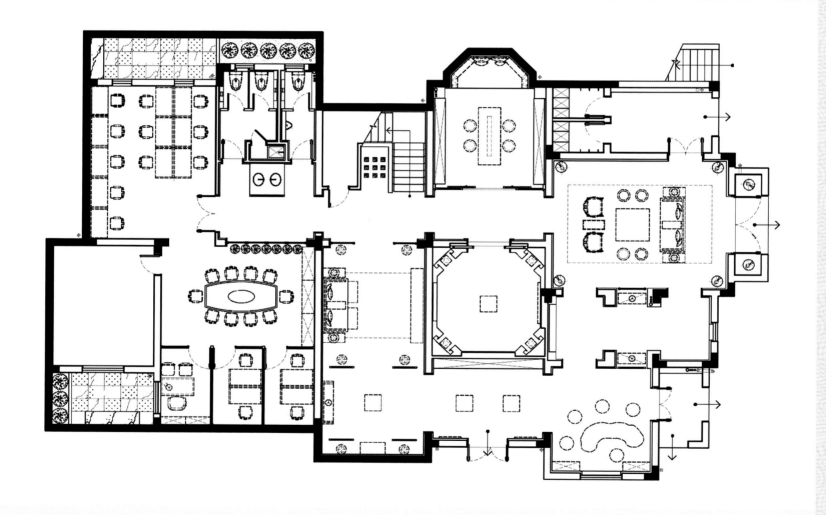

悦府售楼会所背山临湖，依水而建，以创新的多业态组合布局，高端的品质空间，考究的现代材料，新中式简约风格，凸显东钱湖的烟雨气韵，为顾客带来超脱凡尘的未来家园体验。

功能定位

宁波京投银泰钱湖悦府一期售楼会所以柏悦酒店为依托，傍依宁波东钱湖自然景区，独享小普陀、南宋石刻群等人文景观资源，地理位置无可比拟，以高端阶层精英为目标客户群体。

功能式空间

会所内设置独立专属的高端客户接待空间，独立酒水吧、独立卫生间，使客户尽享尊贵、专属的接待服务。细分功能空间，将一个空间的多重功能拆解细分。

空间中还增加全新的功能体验，在商业行为中加入文化和艺术气质。在地下一层设置一座小型私人收藏博物馆，用来珍藏瓷器、家具、中国现代绘画、玉器等，不仅大大地提升了空间品质，同时也给客户带来视觉和心理上的震撼体验。

简约中式

项目设计在空间和视觉语言上与柏悦酒店实现了完美对接。设计上以中国建筑传统的空间序列强化东方礼仪感和尊贵感；在视觉上通过考究的现代材料和独具匠心的工艺细节，以简约的黑白搭配一气呵成，展现了东钱湖烟雨濛濛、水墨沁染的气韵，同时展现了简约的新中式风格。

禅意新中式
福州唐乾明月接待会所

工程档案

项目地点：福建福州
项目面积：350平方米
设计单位：道和设计机构
设计师：高雄
主要材料：黑钛、墙纸、仿古砖、蒙古黑火烧板、绿可木、白色烤漆玻璃
供稿单位：道和设计机构
摄影：施凯、李玲玉
采编：张培华

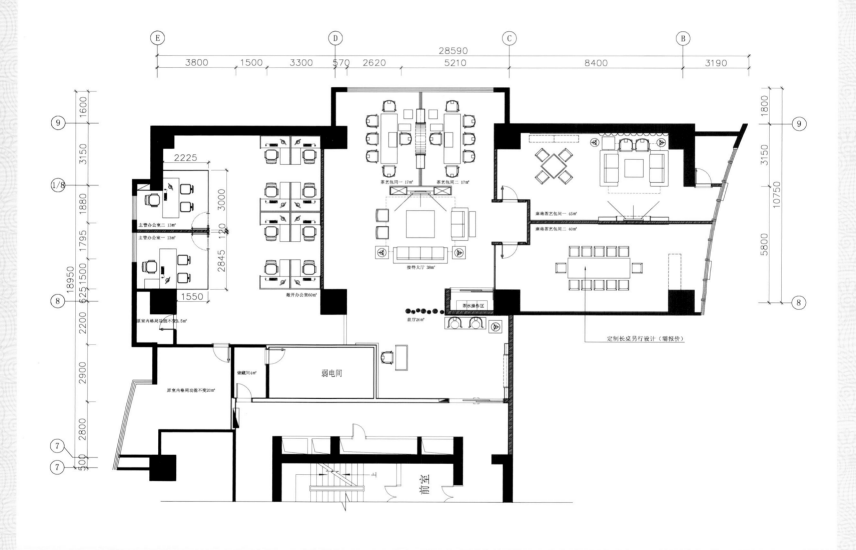

唐乾明月接待会所以现代手法演绎中式风格的新内涵，空间中处处可见中式古典元素，利用半封闭隔断营造出空灵、悠远的空间氛围，凭借中式元素的渲染、莲花的意境，提升了空间的美感，如莲如禅，香远益清。

功能定位

唐乾明月会所位于大樟溪旅游区，是以休闲度假为主的旅游地产项目。项目周边景区众多，生态环境优越，永泰青云山、兔耳山、赤壁、千江月休闲农场，坐拥自然风光，可供文人墨客、小资新贵等在此谈风月，诉怀古。

新中式风格

会所以"新中式主义诗意栖居"为销售亮点，运用现代手法演绎中式风格的新内涵，颠覆传统概念定位，用标志性的中式元素赋予会所新的空间使命：宁静致远的环境，触手可及的高端。会所内虽然禅机四溢，但并不意味着庄严凝重，而是借了莲花的意境，香远益清。

灵动格局

行走于会所内的各个角落，才发现空间格局划分上采用半封闭的隔断，不仅

水陆草木之花，可爱者甚蕃。
晋陶渊明独爱菊。
自李唐来，世人盛爱牡丹。
予独爱莲之出淤泥而不染，濯清涟而不妖，
中通外直，不蔓不枝，香远益清，
亭亭净植，可远观而不可亵玩焉。
予谓菊，花之隐逸者也；牡丹，花之富贵者也；莲，
花之君子者也。噫！菊之爱，陶后鲜有闻；莲之爱，
同予者何人；牡丹之爱，宜乎众矣。

实现了视觉上的私密效果，气氛上多了些互动的轻松兼顾了会所的私密与社交。半封闭的隔断造型就如习惯般如影随形，透过磨纱材质的玻璃，显得空灵而悠远。这也是设计高明之处，用一种情境的标志，融合空间的存在美感，造就似是而非、身临其境的真实。

中式元素

胡兰成说过："禅是一枝花。" 初入会所便可以见到空间上的明月造型和软装上相互辉映的莲花灯，透着"明月耀青莲"的画境，"爱莲说" 的意

境，如梦似幻。

入口处随意树立着若干木桩，有着一种原生态的感动。中式元素的运用，行云流水，一如青莲般恰到好处地出现在属于它的位置上，流畅的视觉引导，自然不做作。

灯光下，稍做修饰的原木，泛着淡黄色的光泽，木质纹理显得格外的亲近，内心里回归自然的本能呼之欲出。

走廊的尽头，一个旗袍形状的木架上，大红灯笼高高挂。红色，在原木色系的映衬下，少了艳丽之感，印在墙上的红晕，透露出设计者心思的细腻，赋予配饰思想。

夹杂在其间的若干绿植陪衬，随人影走动带起的花瓣摇摆，轻灵飘逸。清冷内敛的莲花手座，将禅化解，散落的是对生活的感悟。

怡心韵驿
乌鲁木齐中航翡翠城中心会所

工程档案

项目地点：新疆乌鲁木齐
项目面积：2 300平方米
设计单位：PINKI品伊创意集团&美国IARI刘卫军设计师事务所
设计师：刘卫军
主要材料：艺术涂料 橡木索色面板 金江柚木地板 石材
供稿单位：PINKI品伊创意集团&美国IARI刘卫军设计师事务所
采编：陈惠慧

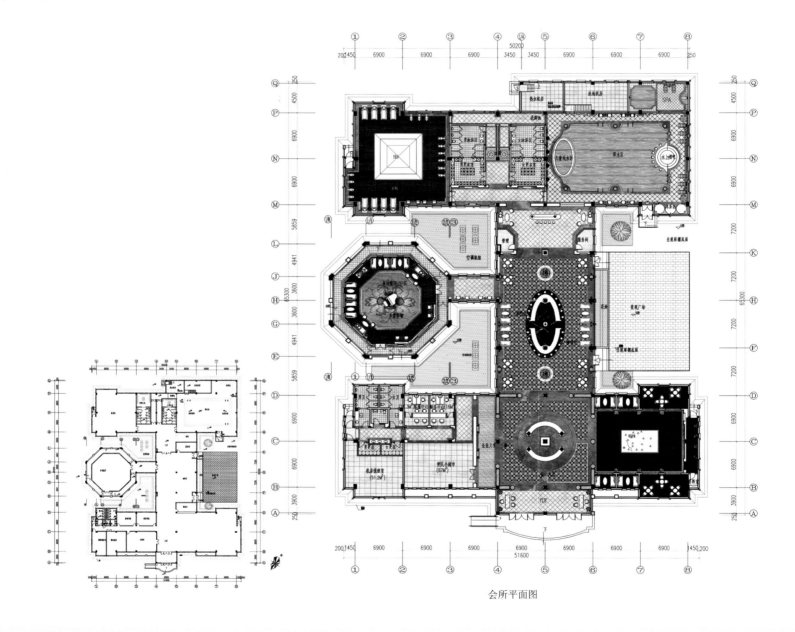

会所平面图

中航翡翠城中心会所以怡心韵驿为设计主题，运用具有浓烈的美式风情的元素与符号，空间色彩鲜艳而主富，形成色差冲突，使空间极具张力，还原了一个庄重、华丽的典雅美式空间。

功能定位

项目地块位于新疆乌鲁木齐市北郊新市区，处于省道安宁渠路和乌奎北联络

线交汇的西北面，毗邻和平渠。会所定位为销售中心，是集休闲、娱乐、健身为一体的高档会所。

空间设计

空间的规划上，根据建筑本身的空间特点，加大改造，以接待大厅为中心，大尺度形式统一的美式大拱门洞贯穿会所各功能区域，形成纵横向的两条视

野开阔，尺度磅礴的轴线。设计将各功能区域合理有序的贯穿连结，形成一个富有节奏感的流线。

美式元素

本案设计主题为怡心韵驿，室内设计风格为美式风情，与建筑风格保持统一的协调性。空间的颜色丰富，天花以中式红色木梁构架，室内的黑色与棕色皮质沙发座椅，复古柜子与摆饰，配以浓墨重彩勾勒出具有古典艺术感的美式空间，色彩上的强烈冲突，使得空间沉稳而富有张力、庄重而不失华丽，再现皇室风范。拱门、立柱、铁艺等复古元素的运用，令空间流露出纯正、浓厚的美式典雅风情。

淡雅禅意
重庆万科悦湾销售中心

工程档案

项目地点：重庆
项目面积：1 100平方米
设计单位：深圳市矩阵纵横设计公司
设计师：矩阵纵横设计团队
主要材料：直纹白、贝壳马赛克、荔枝面大理石、金属帘、墙布、黑钢氟碳漆面、黑镜
供稿单位：深圳市矩阵纵横设计公司
采编：陈惠慧

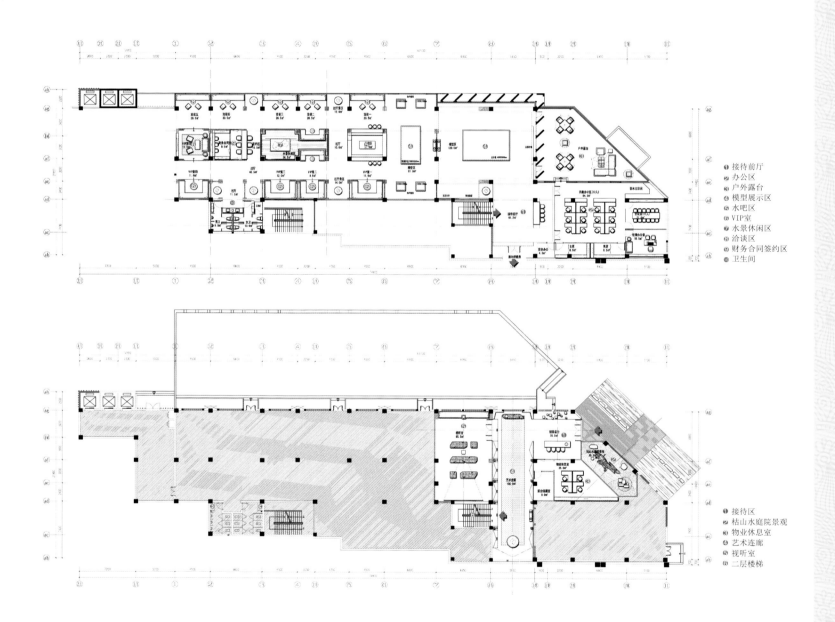

❶ 接待前厅
❷ 办公区
❸ 户外露台
❹ 模型展示区
❺ 水吧区
❻ VIP室
❼ 水景休闲区
❽ 治谈区
❾ 财务合同签约区
❿ 卫生间

❶ 接待区
❷ 枯山水庭院景观
❸ 物业休息室
❹ 艺术连廊
❺ 视听室
❻ 二层楼梯

设计采用对称手法，将亚洲元素植入现代建筑语系，将传统意境和现代风格对称运用，空间采用黑、白、灰的主色调，营造清新、淡雅的禅意空间。

功能定位

项目位于重庆江北区北滨路西双碑大桥旁，毗邻嘉陵江双碑大桥接驳大学城隧道，坐拥两江新区、CBD经济核心圈，尽揽城市新贵人群。

对称手法

悦湾销售中心将亚洲元素植入现代建筑语系，将传统意境和现代风格对称运用，用现代设计来隐喻中国的传统。水曲柳屏风与深色石材的搭配既传统又时尚，而且为空间营造出了充满魅力的对称感，使整个空间更具立体感，在美观之余，更增韵味，彰显东方的古典优雅气质。

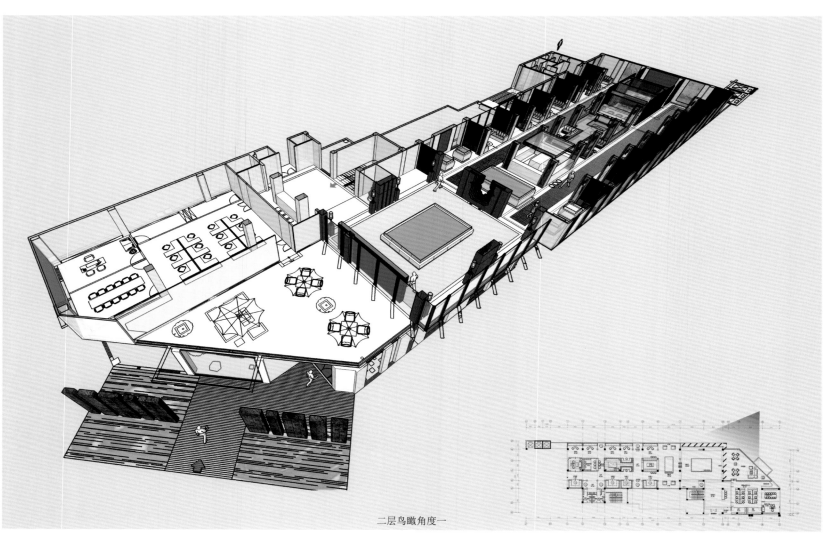

二层鸟瞰角度一

禅意基调

与传统的中式设计多采用朱红色不同，会所主色调是黑、白、灰，黑色为贵，灰色内敛，白色点缀，比红色更加大气，比金色更加脱俗。细节的装饰十分精致，与环境融为一体，一反过去中式给人厚重和压抑的感觉，营造的是一种清新、淡雅的禅意氛围。

空间设计

项目高格调、大气、稳重，有很强的历史沉淀感，装饰线条简洁，宁静且厚重；那几座狮子，那几盏玻璃白烛，那深灰色桌子上的松果，还有那幅雁过留声、孤舟芦苇的画卷，游走于传统与现代之间，相互渗透、交融。始终如一的保持在黑白灰的基调上，却丝毫不显得沉闷，灯光与材质的结合也恰到好处，内敛而沉静，淡雅如同水墨沁染般的中式空间。

创新中式
北京万科赢嘉会所

工程档案

项目地点：北京
面积：1 400平方米
设计单位：如恩设计
主要材料：铜、橡木、泥煤
供稿单位：如恩设计
摄影：沈忠海
采编：吴孟馨

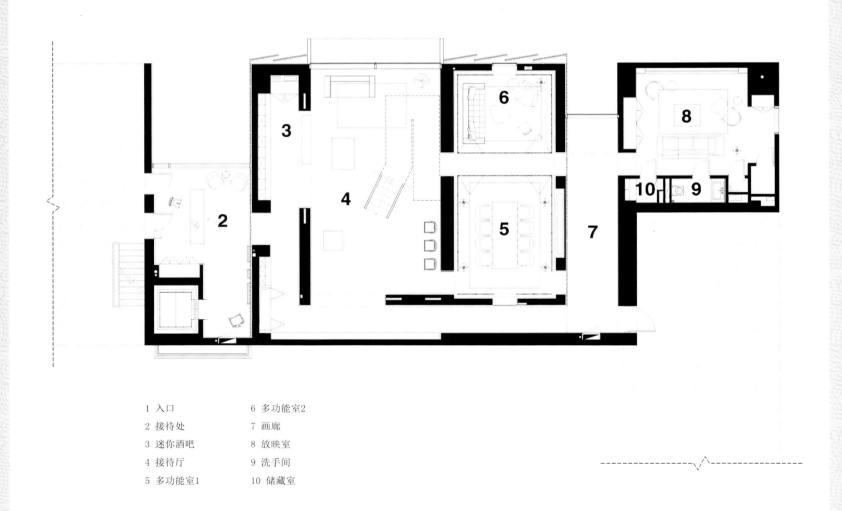

1 入口	6 多功能室2
2 接待处	7 画廊
3 迷你酒吧	8 放映室
4 接待厅	9 洗手间
5 多功能室1	10 储藏室

项目根据北京传统四合院的建筑理念，以延伸丰富的视野和路径至平面和剖面的连接关系上，创造出透视度缩放起伏的新式外立面，室内空间更以渐层渲染的空间秩序，处处体现中式架构，探寻空间的每一功能部分。

设计形象以及在室内能拥有多样化和灵活性并存的长期使用功能的要求下，设计师创造出了一个全新的外立面，也借由连接不同楼层、天井、窗洞和不间断的独特环绕楼梯，串联了多种私密与公共空间，从而最大化了原有框架的多层空间体验可能。

功能定位

位于万科北京总部内的赢嘉会所，是一栋五层楼高，在原有办公楼结构基础上的改造加新建的多功能贵宾销售会所。在万科希望能在外观上呈现崭新的

四合院理念

受到了北京传统四合院精神的启发，赢嘉会所的设计理念是以延伸丰富的视

野和路径至平面和剖面的连接关系上，来贯穿多层次空间的体验，让人们能乐于探索属于他们自己的瞬间。从室外，一面透视度缩放起伏的木格栅幕墙包住了不同视角的开口，整合了室内外的观望关系。在室内，由浅往深处，由低往高处的步程，空间体验会通过材料和光源色泽上的转换，逐渐变得更亮、更轻、更开阔。

接待大厅中，一条木雕大梯串联着通往各个空间的路程，先从三楼如蛇形般蜿蜒上升，陆续至四楼多处更私密的体验室、茶室、图书室、品酒间等，然后轻漂过高耸的挑空画廊再盘旋而上至顶楼，穿越了室内吧台和半户外露台休息区，最后在渐渐开阔的过程中抵达最贴近自然的地方——完全开放的观景台，眺望北京和周遭的景象。沿着深沉安静的走廊，随时可进入两个主要的公共空间：挑高明亮的接待大厅和展示画廊。

渐层设计

从三楼的接待处开始，层次体验的精髓得到进一步体现，展现了紧缩与扩展、私密与公共、黑暗与光亮以及天与地的对比空间顺序。

在这些更大的公共空间，人们也可透过重叠的窗洞、门洞、天井，间接看见不同层房间内若隐若现的人物、事物。

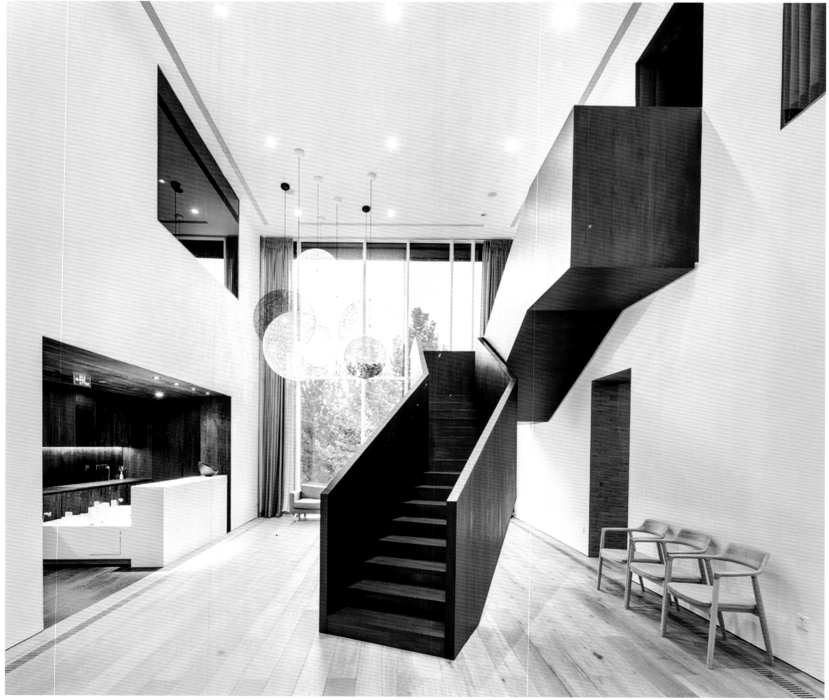

品质生活
业主会所

业主会所是以所在物业业主为主要服务对象的综合性康体娱乐服务设施。会所具备的软硬件条件：康体设施包括泳池、网球或羽毛球场、健身房等娱乐健身场所；中西餐厅、酒吧、咖啡厅等餐饮与待客的社交场所；还应具有网吧、阅览室等其他服务设施。

会所的功能和建设档次可分为基础型和超级型，基础设施提供业主最基本的健康生活需求，可让人免费使用；超级会所则适当对其中部分设施的使用收取一定的费用。会所原则上只对社区业主服务，不对外开放，保证了业主活动的私密性和安全性。

五大主流会所的走向 Intimate Touch——Trend of Five popular Clubs 私会
私会
Trend of Five popular Clubs 私会——五大主流会所的走向 Intimate Touch

因此这类会所的空间设计十分注重私密性。健身娱乐的空间风格通常偏向现代、简约，线条流畅、通透，功能区间清晰，回避繁复的装饰，强调空间的质感，营造舒适、活力的氛围。而餐厅、酒吧等社交休闲空间则延续该物业的整体风格与设计特点，通常注重文化与艺术的塑造，讲究软装的设计，而提高空间的品质感。

空中逸所
香港峻弦会所

工程档案

项目地点：香港九龙

面积： 3 000平方米（Club Mezzanine） 1 110平方米（Club Aria）

设计单位：齐物设计

设计师：甘泰来

主要材料：维那斯米黄石材、茶镜、银箔、橡木木皮、镀钛镜面不锈钢（Club Mezzanine）

　　　　　 黑云石石材、雪白银狐石材、铜镜、马克瑞木皮、透明压克力（Club Aria）

摄影：卢震宇

采编：谢雪婷

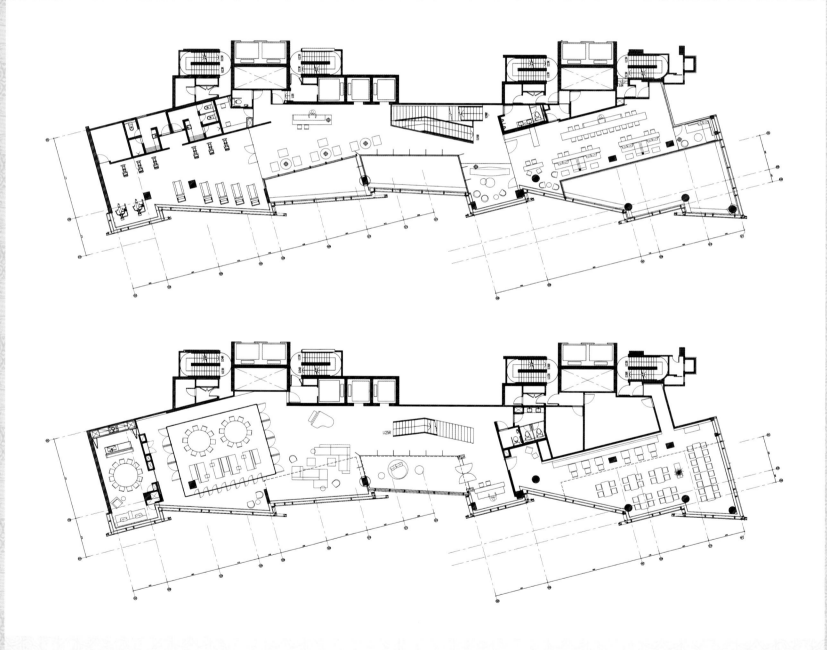

低楼层的Club Mezzanine对外可连接环形车道，宾客可以选择由室外庭院或小区电梯进入，礼宾厅采用挑高两层楼的玻璃盒体为庭园醒目的光点，挑高十米装饰性的水晶瀑布，并搭配以灯光投射，使得整体空间呈现出华丽氛围。Club Aria两个楼层有各自门厅，楼层之间挑空并以透明楼梯串连。

功能定位

峻弦会所由双会所组成，是完全服务小区住户的私属休闲享受的空间。会所包括低楼层的Club Mezzanine以及顶楼Club Aria，以楼层区分隔活动属性，满足住户对生活、娱乐质量的重视。

空间设计

Club Mezzanine内部以接待厅为中心，侧边伸展出室内外泳池、日光浴区、水疗SPA、The Café等空间。长廊置入多座斜墙置入更衣室、娱乐室，外部则安排休憩区，特别为The Café保留景观，华丽的内景与落地窗外的绿意构成强烈反差，阶梯式地坪与伸展台构成丰富的地景层次。

设计特色

宴会厅使用独立玻璃盒以呼应Club Mezzanine的设计语汇，当门开启后，便可与外围的空间连接，门关闭时可利用调节光电的明雾设计保留内部隐私。挑高两层楼的天际轩拥有大面观景窗，让每个座位皆能感受到俯瞰城市的广阔视野。

摩登新古典
上海嘉宝梦之湾会所

工程档案

项目地点： 上海
设计单位： 上海乐尚装饰设计工程有限公司
主要材料： 木饰面
供稿单位： 上海乐尚装饰设计工程有限公司
采编： 周凤焕　盛乃宁

本案采用新东方风格，并融入装饰主义元素，崇尚简约舒适，注重空间的质感与层次，大胆混搭装饰材质，把东方摩登与新古典的碰撞凸显出来，为物业业主提供舒适、质感的休闲空间。

功能定位

嘉宝梦之湾位于嘉定新、老城区交汇处，地处嘉定新城核心位置，享受嘉定新老城区成熟生活配套体系。整个项目分为高层与联排别墅两大部分，以河

流自然划分为两大组团。项目是嘉宝梦之湾内的业主会所，为业主提供休闲娱乐的社区设施。

空间设计

VIP区材质结合展现出空间的人文气息，而细节线条、边框的设计则凸显出空间的细腻质感，以现代风格的简洁线条为基调，跳脱现代风格一成不变的空间形式，以时尚东方元素融入空间，打造现代东方风格居住环境。

水吧区采用开敞的空间布局，运用自然的材质变换，凸显新东方的自然时尚、简约之处。

新东方装饰风

整体装饰风格采用"新东方"的设计风格融入装饰主义元素，简约中带有秩序的美感，崇尚舒适，没有复杂的隔断。空间的区隔以白色纯净的立体柱面抽离了视觉的纷扰。几何形的图案、质感的对比、光与影的空间呼应，给会所内带进了新的空间感受，使空间更加通透。

软装运用中，同样呼应了整体的新东方装饰风格。装饰材质大胆混搭，采用不

同木皮的混拼，甚至加入了斑马的皮毛拼贴；而家具的软装搭配混搭了不同元素，展现摩登东方与现代新古典的碰撞；在饰品的配搭上，造型各异的装饰鸟笼，在门厅、接待台分别通过二维和三维的形式予以呈现，围廊四周陈列了极具东方元素龙生九子琉璃雕像，也寓意着吉祥。整个设计中以蓝色为主色调穿插于不同空间，而形成统一的视觉审美，色彩稳重而沉静，设计浑然一体。

庭院设计

设计以建筑空间中的庭院作为装饰亮点。大体块的木饰面和内敛稳重的木纹石，规整的排列，内敛稳重的细化白地面，沉淀了入内人们前一刻的心灵拥挤规整的排列更显大气，突出了空间的延续性。

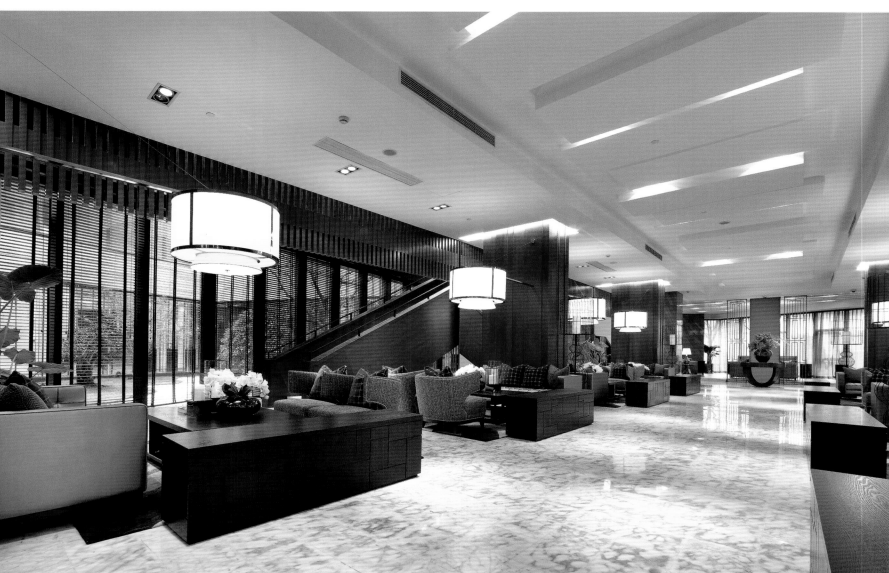

浪漫休闲地
邢台79号院会所

工程档案

项目地点：河北邢台
项目面积：2 200平方米
设计单位：深圳市六派联合设计有限公司、深圳市多莫斯设计有限公司
主要材料：古堡灰大理石、桃花芯木饰面、墙纸、美国大师墙漆、木地板
供稿单位：深圳市六派联合设计有限公司
采编：陈惠慧

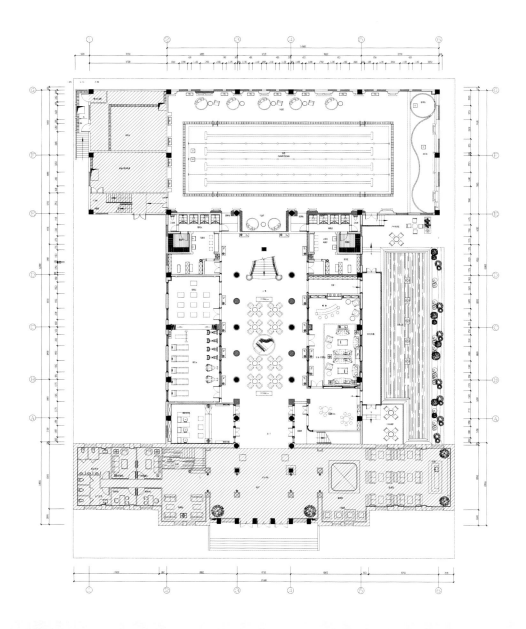

79号院会所整体空间以暖米色墙面为基调，设计师试图把古典与现代元素融会贯通并呈现出来，以营造浪漫而低调的华丽感，体现自在、随意的不羁生活方式。

功能定位

79号院会所位于河北邢台79号院高档社区内，是目前邢台市高端私密的业主休闲会所。会所设有游泳池、健身房、台球室、棋牌室、高端餐饮、乒乓球、瑜伽等多元化的休闲娱乐配套。

空间设计

根据建筑本身的空间感以及所处楼盘的定位，设计师希望营造的是奢华贵气却不落入俗套的氛围。通过大面积的石材运用，使空间整体感觉简洁大气。

实木材质的融入软化了空间，起到中和、协调氛围的作用，减少了大尺度空间所产生的距离感。大堂的跃层及屋顶半透明的天花设计，加上一排整齐的大型欧式吊灯，彰显了空间的气势恢宏与典雅尊贵。

新旧并存

设计在继承古典元素的同时融入了一些空间的现代感，空间中没有运用夸张的色彩和装饰，更多的是试图以营造自在、随意的不羁生活方式。整体空间在以暖米色墙面为基调，界面舒适简洁，搭配形体厚实、富有质感的家具。软装中运用清新淡雅的花艺，在表现文化感、贵气感的同时融入美式文化元素，使室内空间富有独特的生活哲学。色彩质朴、温暖而不事张扬，不需要太多造作的修饰与约束，不经意中成就了另外一种休闲式的浪漫。

身心港湾
休闲会所

现代社会迅速发展，随着人们的生活压力不断增加，更急迫需要一个可以放松心态、调节身心的休闲娱乐空间，缓解来自工作或生活的压力，追求身心放松。因此，休闲娱乐会所的产生和发展是都市生活的必然产物，它提供给人们一个平台，供人们交流、娱乐、休闲度假的半私人社交的娱乐场所。 休闲会所包括娱乐类，如餐厅、咖啡馆、茶艺馆、酒吧、棋牌室等；美容保健类，如美容美体中心、桑拿、足浴、健身中心等。

现代的休闲会所环境设计的概念已不仅仅是满足于一般的功能需求和装饰设计，它已成为连接精神与物质文明的桥梁。人们对于娱乐休闲环境的需求，表现出回归自然、重视文化、高享受的多元性与个性的倾向，

协调"人——环境——空间"之间的关系，使其和谐发展，形成舒适的休闲娱乐空间。

休闲会所室内环境的创造，应该把适宜的环境和有利于人们的身心健康作为假日休闲会所室内设计的首要前提，注意设计要与会所的氛围联系在一起，在风格的选择上不仅要体现舒适的感觉，还要在一定程度上体现出使用者的身份档次。另一重要设计原则，则是通过色彩与照明的相互对比运用，不仅改变室内气氛，增加空间感，削弱室内原有缺陷。同时，灯光对人们心情的放松有着重要的作用，适当的灯光与色彩能缓和人们紧绷的情绪。

院落风韵
嘉兴绮宴花园餐饮会所

工程档案

项目地点： 浙江嘉兴

面积： 2 000平方米

设计单位： 浙江思瀚建筑装饰设计有限公司

设计师： 张伟　庞明华

软装设计师： 唐浩

主要材料： 青石、紫铜、夹绢玻璃、梨木饰面、墙绘等

供稿单位： 浙江思瀚建筑装饰设计有限公司

采编： 陈惠慧

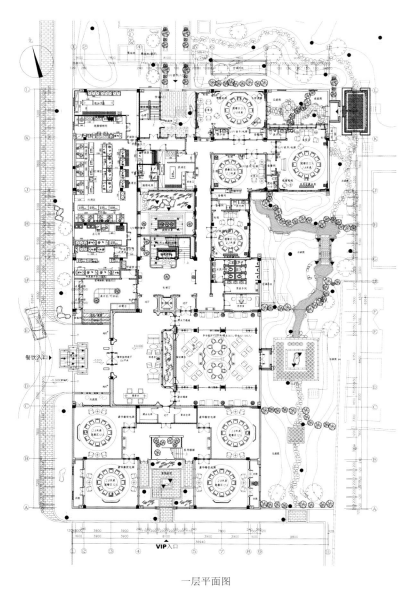

一层平面图

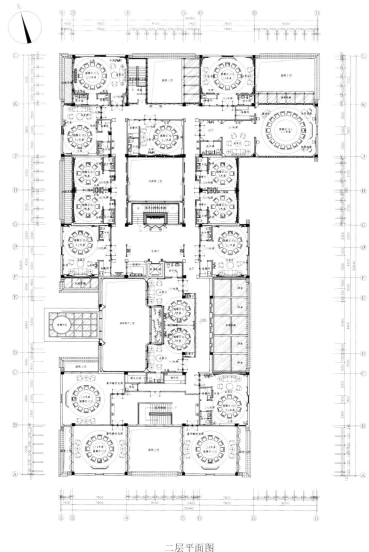

二层平面图

项目紧靠整体为四合院建筑布局，室内以中式造园理念，现代手法打造，突出了江南庭院与绮园概念的主题，包厢内独具中式江南风韵，彰显了水乡风韵。

功能定位

绮宴花园餐厅位于浙江嘉兴，紧靠中国十大名园之一的海盐名胜风景——绮园，处处洋溢着江南水乡风情与文人墨客风韵，项目遵循地脉文化，采用中式园林手法打造。

空间布局

依靠着独特的地理文脉，项目为四合院建筑布局，设计维系原建筑院落墙体外观，在室内设计风格上引入中式造园理念，并注入现代设计手法，打造步步为景、处处如画的江南园林餐饮会所。项目拥有18个豪华包厢和1个多功能厅。

中式园景

一层接待大厅顶部巧妙地接入自然光，休息区主题墙以江南竹、流水、石子等中式庭院手法凸显绮园印象概念主题，室内走道地面的青石经过抛光加色处理后，更显素雅沉稳，沿扶梯而上，一边是贯穿两层的全玻璃钢架的酒窖，一边是内建花厅，隔池筑假山，营造小风光庭院风景。夜幕降临，华灯初起，星光点点。

风情包厢

包厢内风格硬朗朴实，线条流畅。多功能厅与多个包厢内的大面积手绘墙绘与地毯图案皆让人有种"识得花香置身花丛"感觉，家具以新中式深色系家具为主，搭配与之颜色反差的靠枕，博古架上的瓷器展示，使之整体颜色编沉稳的空间有了素雅的感觉。

屏风后面的小包厢更具风韵，黑瓦白墙搭配墙上的水墨画，彰显文人情趣，天蓝色的玻璃天花与屏风相互呼应，木质窗台带着古典的优雅，垂挂而下的黄色荷叶灯则流露出一丝清涟。

"民国"气质
无锡西水融会会所

工程档案

项目地点： 江苏无锡

面积： 1 440平方米

设计单位： 无锡市上瑞元筑设计制作有限公司

设计师： 冯嘉云

主要材料： 老木板、水曲柳染色、黑洞石、拉丝铜、马毛皮、木丝吸音板

供稿单位： 无锡市上瑞元筑设计制作有限公司

采编： 罗曼

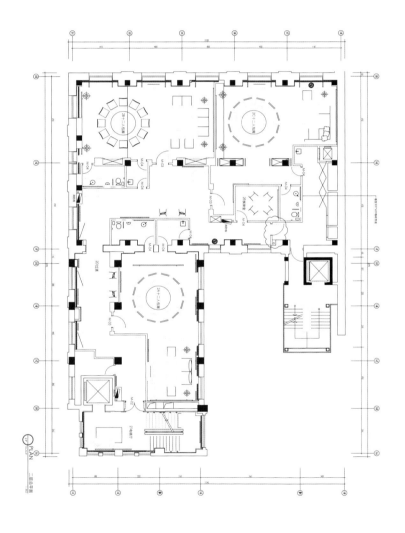

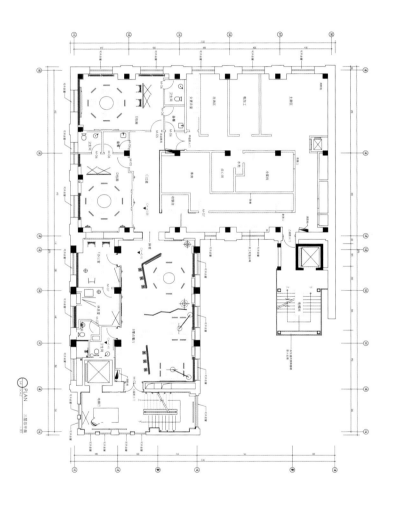

无锡西水融会会所就以传统的姿态显露出深层的意境，以环境洗涤人心，用设计寻求共鸣。斑驳、古意、婆娑肌理的空间质感，带有鲜明、厚重的历史记忆，与曾经辉煌的"民国"环境，在气质上吻合。设计以灰色基调呈现空间气质，并且通过细节部分营造的气场，彰显会所的内涵与气质。

功能定位

项目的会业态注定是一小族群身心归所，是城市新贵"后奢侈、慢生活"专属现场。塑造故事性成为项目设计初衷。同时，知性、格调感的空间，亦

建立在与高端目标客群心理机制相对应的预期。在会所设计中，人们看不到很现代、很夸张的表现手法，也看不到铺张华丽的材料展示，通过空间的质感表达一种低调的民国气质。

气质空间

进入会所，一边的绿色盆栽如迎客般排道而出，没有花卉点缀的，全凭绿意盎然。在绿色盆栽的另一边点亮着一排旧时座灯，这又是一种引导客流的设计细节，光明让人觉得舒缓和放松。公共部分的走道与楼梯处充满着

西水 品會 FusionClub

心思，奶牛毛皮花色的座椅是现代装饰风格的体现。素色的地板与墙面并不抢眼，让人在推开包房之后能就直观感受到设计师想表现的思维。进入一间包房，典雅成了专有名词，呈现在每一处细节之中。墙壁上挂着现代风格的美术作品与空间设计融为一体，沙发上靠枕的花色体现出设计师对细节的把握。在另一件包房中，墙壁上的挂画和吊灯都显出中世纪的古堡风格，由此看出，高贵在气质中体现，而不是仅仅依靠着奢华，彰显着民国的内敛气质。

内敛灰调

在色彩基调上，采用国际化手法表现的灰调，在浑然整体、沉稳大气暗示着对贵族精神的关照。黑的皮革、灰蓝的墙纸、布艺，灰色水纹的石材，到瑰丽大方的木纹、驼色的地毯、褐色的椅背、桌套及深黄的牛皮，演绎着由冷调到暖调的自然过渡与色彩逻辑，并由丰富的材质对比、纹饰变化形成了生动的空间张力，内敛中流淌着悦动。

项目回访

问：项目的设计概念或主题是如何产生的？

冯嘉云： 最初的需求交涉从案名的推敲开始。项目所在区位是人所共知的"无锡近代民族工商业源地"，红砖的旧厂房、仓库、烟囱都已成为过去那个年代"荣氏家族"的荣耀精神堡垒。为此，为项目具备鲜明的文化诉求和个性化印象，甲方拟一"荣会所"命名，而我们考虑到这样的案名会造成元素取向太过明显和局限，会使最终的空间表情失于单一，于是给出了"西水融会"的案名建议，一则标明了区位——无锡西水东综合社区，二是通过谐音暗合"荣会"，彰示与"荣氏家族"有关，三是在设计表现上丰富、丰满了空间表情，即业态功能与历史文化的融汇、本埠元素与国际化表现的融汇。最终，甲方采纳了我们的建议。

问：从设计构思到项目完工经历了多长时间？期间与业主、施工方有何有趣的互动？

冯嘉云： 从设计到施工历时半年有余，对于体量不大的本项目，可谓"缠绵"这里一方面是出于"精品路线"的设计推敲，另一方面是因为业主是位非常注重品质感、艺术感和格调要求的人，是位会弹钢琴的画家，但又有强烈的成本控制预期，尤其在前期方案敲定过程中，大大小小的商榷与修改不下5次，这跟以往我们项目进行节奏有很大落差，好在"慢工出细活儿"，最终呈现出来的"西水融会"还是基本达到了双方的满意。

问：从这个项目设计中，有何心得体会？对以后的设计有何重要的影响？

冯嘉云： 重新审视梳理本项目的设计，觉得设计方向的清晰、元素取舍的明确尤其重要，设计方向直接影响空间气质的类型和差异化特色形成，元素取舍则验证设计技法的生熟和文化诉求的编准。一个场景化空间的诞生，一定要带给目标群以感性的、惬意的、与其价值观吻合的综合体验，材料、色彩、陈设、空间架构形式，不是用来表达最设计师技术虚荣心的道具，而应该活化每一个因素，讲述一个利好身心的故事。

问：自身而言，平常生活中有哪些兴趣爱好？主要从哪些事物中汲取设计灵感？

冯嘉云： 自身生活状态和兴趣点其实就是一面镜子，从最初的技术本位张扬，逐渐转移到语境热衷，而且非既定的模式化风格化定论，而是先找到契合的"关键词"，比如优雅、庄严、华丽、朴拙、宁静等情感语境。而这些感受往往都在设计之外的具体生活里，文艺的部分、诗意的部分、趣味感的部分、柴米油盐的部分等，只要有感觉、有发现，就能很快依此找到适合的技术手段、表现元素、材色体系，并通过多年的设计经验呈现内心的梦想，只有感动动自己的东西才有可能感动别人。没有灵感这一说法儿，所谓灵感在于设计师得有情感触动的自觉和能力，通往设计的路径比比皆是，并不玄妙，发现自己内心的情感触点，灵感自然而然发生。

问：你认为当今会所空间设计的趋势是什么？如何设计才能体现出会所的特色？

冯嘉云： 设计之内，更远的、更宽的路，与设计之外的其他所有意识形态的、经济脉相的趋势一样，都无法逆转地遭遇国际化，这是大背景，对国际化的理解与适应，以及可能会出现的形态、流变，如何承传我们自身的优良传统，如何让本埠精神与国际化达成和谐，将是在今后相当长的历史时期，所有设计师面临和探索的主题，对空间设计师而言，无论设计形态如何多变，有一条是恒定的，要审时度势地肩负场所精神的传输递使其具备鲜活的、前瞻的、隽永的调性。

冯嘉云

无锡上瑞元筑设计制作有限公司 董事设计师 董事长 \ 中国建筑学会室内设计分会 高级室内建筑师 \ IFI/ICIAD 国际室内建筑师/设计师联盟 会员 \ 代表作品：风尚雅集餐厅、伴山惠馆、尚品世家等

率性欧式
济南合家亲餐饮

工程档案

项目地点： 山东济南
面积： 800平方米
设计单位： 上海巴澳建筑室内设计有限公司
供稿单位： 上海巴澳建筑室内设计有限公司
采编： 盛乃宁

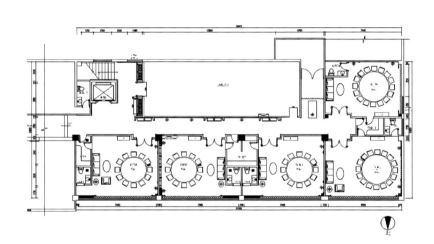

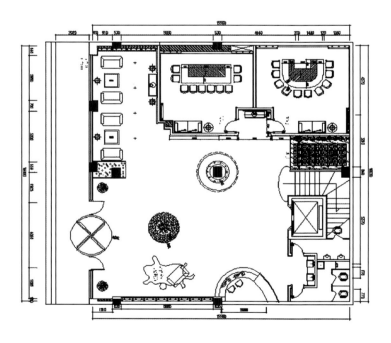

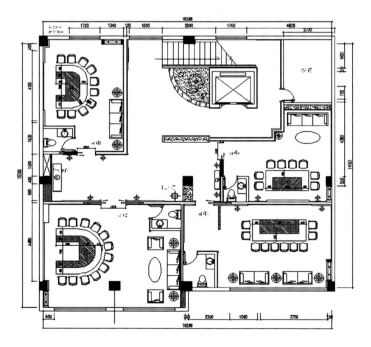

本案以时尚界最钟爱的黑与白为主基调，营造一种利落、简约的气质。材质上，采用带有光泽质感的皮革、高光亮感的烤漆、惯用的黑镜、晶莹璀璨的水晶等，都让空间染上丝丝浪漫、暧昧的小资情调。

功能定位

合家亲美食养生会所是山东首家中西餐饮相结合的一种新型饮食文化，打造最具特色餐饮中式铁板烧，优雅而奢华的环境适合举办各种中小型宴会和高端聚会。

空间设计

设计采用现代欧式设计风格，营造出高贵、大气的感觉。空间以黑色、白色与米黄色作为主基调，低调而朴实。大堂以冷艳的黑色大理石铺陈地面，与细腻的白色皮质沙发搭配，而色块和家具的处理又在餐厅内形成一些阴影，弥漫的灯光使空间浪漫而暧昧。

而由地板延续到屋顶天花的水晶吊坠圆柱将人们的视线自然而然地引向上方的空间。整个空间都散发出时尚奢华、高贵精致的轻松气氛。藏酒柜背面以镜面设计，排列整齐的酒瓶，配合灯光的渲染反射，营造出一种如梦似幻的空间感。

中东混搭风
宁波君尚汇SPA会所

工程档案

项目地点： 浙江宁波
面积： 1 100平方米
设计单位： 古木子月(香港)国际空间策划装饰设计事务所
设计师： 李财赋
主要材料： 洼藻泥、马赛克、木饰面
摄影： 刘鹰
供稿单位： 古木子月(香港)国际空间策划装饰设计事务所
采编： 周凤焌　盛乃宁

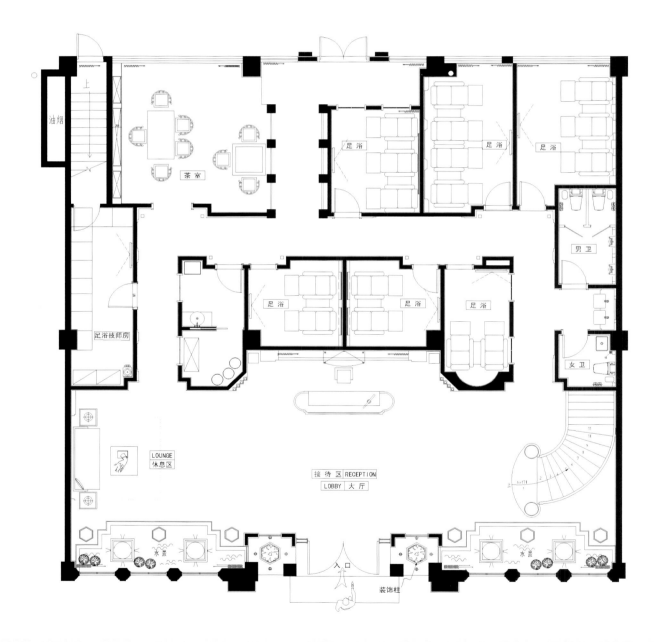

功能定位

君尚汇SPA会所位于宁波钱湖天地商业广场内，设计区块主要包括SPA、足浴和茶艺三大部分。专为精英男士打造的专业高端SPA会所，功能与意境为一体，软硬件均采用业内顶级配置。

本案采用包含欧式、阿拉伯与东南亚在内的混搭风格，来表现休闲会所空间的情调氛围，从外立面的塑造到室内空间的装饰，从材质到灯光色调，都充满浓浓的中东异域风情。

空间设计

设计为了体现大厅的豪华感，在保证建筑结构安全性的基础上拆除了大厅上方的原建筑楼板及过梁，大厅高度得以大幅提升，这样不但拓展了空间尺度，还增强了视觉冲击力。空间大面积采用米黄色调，主题墙面吊脚楼彰显设计主题。靠窗的一排水池不仅为空间带来了灵动的气息，更将中东"沙漠绿洲"的独特风格元素衍生到这个空间。

中东混搭风

空间设计以中东混搭风格作为主题表现形式。空间既蕴含着阿拉伯的神秘色彩，又包含了欧式的奢华高贵，同时也不失东南亚的自然温馨，是最能表现SPA内涵的风格之一。

项目在外立面的塑造上借用米黄涂料墙身塑造中东沙漠建筑风情。门窗用雕花、透雕的花格板材作栏板，门头上方用中东标志性的实木吊脚楼来丰富整个墙面的层次感。圆弧、月拱的造型勾勒方式使得立面呈现神圣静谧的宗教气度。

异域风情

材质上运用了幔帐、床纱、地毯、挂毯这些颜色鲜艳、具有异域风情的手工织物对空间起到了画龙点睛的作用。给顾客带来异域感十足的精神享受。

灯光是营造空间氛围的魔术师，设计通过精美的灯饰和光晕的折射，营造出既豪华又温馨、忽明亮忽柔和的精彩氛围。

奢享柔乡
北京御汤山SPA会所

工程档案

项目地点： 北京昌平区
面积： 1 200平方米
设计单位： 深圳市盘石室内设计有限公司
设计师： 吴文粒　陆伟英
主要材料： 裂纹漆、马赛克、米黄大理石、艺术涂料
供稿单位： 深圳市盘石室内设计有限公司
采编： 陈惠慧

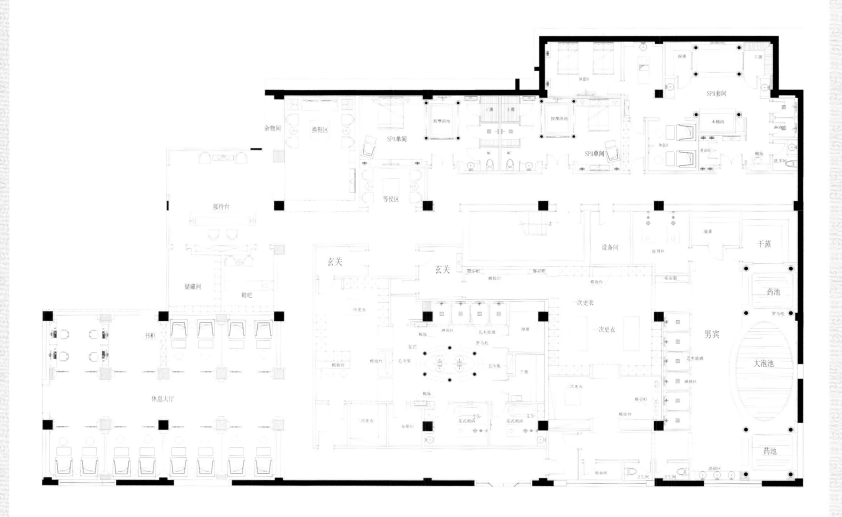

项目位于北京昌平区温泉资源丰富的小汤山镇，拥有得天独厚的地理优势，设计师根据地势选材并改变景观设计，采用中西结合的方式，融入异地情调和现代设计手法，营造出丰富的内涵底蕴，同时也凸显了高雅大气、浪漫惬意的氛围。

功能定位

北京御汤山别墅SPA会所，是御汤山综合性会所的一部分：项目位于北京温

泉资源核心区域——小汤山镇，根植皇家汤泉行宫原址，得天独厚的资源优势不可比拟。

中西结合

进入会所，会所内奢华的纯欧式风格会令人一下子沉静下来。设计师运用欧式加中式的设计风格，同时融入异地情调和现代风，把多种风格用不同的方式和不同的比例融入到空间，使其统一协调，不仅极大丰富了空间内容，营造出具有丰富

的内涵底蕴，同时也凸显了沉着、高雅的氛围。整体空间
豪华大气，更多的是惬意和浪漫。

同时，欧式spa会所设计风格最适用于大面积房子，若空间
太小，不但无法展现其风格气势，反而对来这里做spa的顾
客也造成一种压迫感。房间采用反射式灯光照明或局部灯
光照明，人们置身其中，舒适、温馨的感觉袭来，让为尘
嚣所困的心灵找到了归宿。

地势效应
由于项目所处地理环境因素的原因，小汤山是北京著名的
温泉度假地，比较潮湿，因此在材料选择上，以经久耐用
的石材及木材做为主要材质，同时这些材质也能凸显项目
的高端品质感。

设计师利用项目所在地小汤山温泉度假地的优势，改变了
原本的室外水景景观，加入了室外温泉的概念，让SPA会
所更多元。

项目回访

问：项目的设计概念或主题是如何产生的？

吴文粒：本会所所在的楼盘——北京御汤山别墅楼盘坐落于纯独栋地中海别墅区，通过与业主方的深入沟通以及设计团队的实地考察，根据项目本身的市场定位，配合楼盘整体风格，作为建筑本身的延展，我们把会所定位为现代欧式风格。

问：从设计构思到项目完工经历了多长时间？期间与业主、施工方有何有趣的互动？

吴文粒：这个项目从设计构思到项目完工历时一年左右。由于我们公司一直秉承着"以服务客户为核心，以市场导向为航标"的服务准则，所以，除了设计师个人的设计理念，我们在设计前期会花大量时间与客户沟通，从他们的角度考虑，从而进行设计构思。针对此次项目，我们总共分了四个阶段：销售点的设计、体育休闲会所的设计、餐饮部分的设计、SPA馆的设计。期间我们积极主动参与沟通、探讨，提出许多建设性方案，得到业主的大力配合和支持，合作过程相当顺利和愉快。

问：项目设计过程中或施工过程中发生什么比较有趣或记忆尤深的事情？

吴文粒：我印象最深的是SPA会所设想的产生。原先业主方并没有SPA会所的设想，这个部分打算预留用做生活配套的超市及商场。当我们的设计团队进入项目后，通过实地考察，发现建筑地外围的园林景观中有大量的水景，考虑到北方地区受季节因素的影响较大，水景的后期维护不实用且麻烦；而本项目正好地处北京小汤山温泉度假区，经过慎重分析评估，我们向业主方提议将水景改为户外温泉，与室内相接成立一个SPA会所。这个想法一出，即刻与业主一拍即合，受到肯定，才有了现在SPA会所的诞生。

问：从这个项目设计中，有何心得体会？对以后的设计有何重要的影响？

吴文粒：我觉得沟通非常重要，一个项目能够令双方满意，并获得成功，是需要设计团队和业主方充分配合融入才能达到的。本次项目得到业主方的大力支持与配合，整个过程高效有序，是一次很棒的合作。通过这个项目，我受益匪浅，不仅是设计理念上有了新的突破，在于设计思维层面上的提高。本次业主提出的"择时"设计令我深受启发，除了根据会所所属楼盘本身定位去开展设计，我们还应关注会所所在楼盘背后的销售周期，根据销售会所与配套会所分阶段设计与开发。

问：自身而言，平常生活中有哪些兴趣爱好？主要从哪些事物中汲取设计灵感？

吴文粒：我是一个平凡的80后，兴趣爱好和时下所有年轻人一样。打球、看电影、K歌，这些都是我的业余爱好。我始终坚信"设计源于生活，同时也服务于生活"，所以实用往往是我设计时首先要考虑的因素，而且我的设计也常流露出我对生活的感悟。我常常在逛街或者游玩的时候，观察留意一些微小的细节，比如一些工艺手法的革新、不同材质的搭配产生不同效果等，如果是从大的空间感觉出发的话，我就会比较注重整体交通流线及其配套设施，这些细微的、人性化的、实用性强的东西，都能够成为我设计灵感的积累。

问：你认为当今会所空间设计的趋势是什么？如何设计才能体现出会所的特色？

吴文粒：关于这个问题，我认为可以从几个方面分析。从开发商角度来看，今后的楼盘不能仅仅停留在售楼会所及简单的配套设施等方面，为了能够更好地运营和盈利，可以尝试引入餐饮、娱乐、水疗等不同服务性质的独立会所，这样可以打破以往传统楼盘配套会所难以为继的局面；从设计风格来看，以往混搭做得太多，人们已产生审美疲劳，回归传统纯粹的设计风格将是今后的一个趋势。想要体现会所的特色，必须因地制宜，从原本建筑设计风格的角度去考虑，结合建筑本身给空间预留的优点，再弥补流线的不足，加以延展升级，比完全推翻和掩盖更容易出好的作品。

吴文粒

深圳市盘石室内设计有限公司 董事 / 设计总监

代表作品：合肥汤池温泉酒店、北京御汤山西区会所、深圳市清华大学研究院等

领略泰文化
福州泰自然水疗会所

工程档案

项目地点：福建福州
面积：2 924平方米
设计单位：福建品川装饰有限公司
主要材料：草编墙纸、橡木饰面、通花、文化石、实木地板、仿古砖
供稿单位：福建品川装饰有限公司
采编：谢雪婷

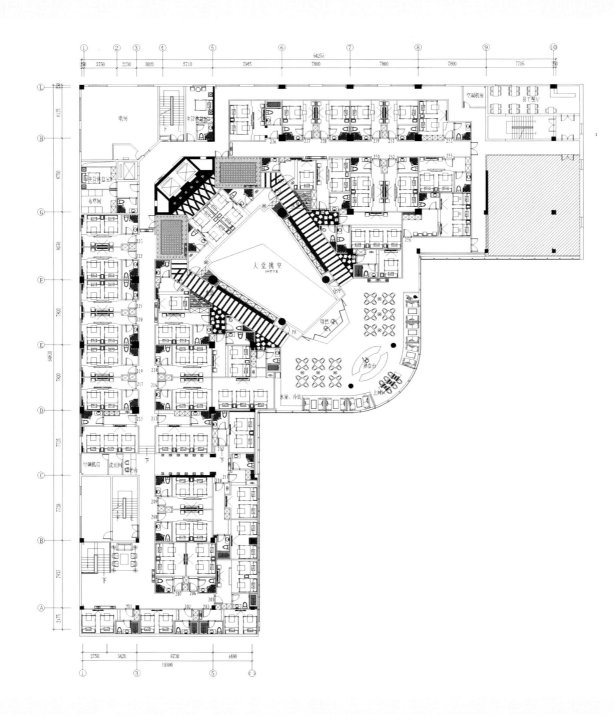

本案是一个水疗会所，设计师亲身前往泰国采风，把项目定位为泰式风格，空间中尽情使用泰国风的元素，运用金色和檀木色为空间基调，为人们提供一个体验异域风情、身心放松的格调空间。

功能定位

福州泰自然水疗会所位于福州温泉核心区温泉路，周边独享纯天然温泉矿脉。最具健康休憩的优雅环境，是福州水疗商务会所的领先企业。会所以独特的水文化融

入到每个空间细节，秉承源远流长的中华"养生"文化精髓，服务福州高端商务客户。

泰式风情

设计师亲身前往泰国采风，从泰国风俗中汲取灵感，最终确定的设计思路为泰式SPA会所设计。设计运用金色与檀木色为主色调的表现手法，体现出泰国高贵尊荣的异域风情，又营造出典雅温润的氛围，把泰式按摩的体验与东南亚文化融入空间设计中，体验异域的风情。

空间设计

走进大堂，处处呈现华丽、典雅、高贵的氛围。柔和的灯光下，天花板饰以流线式黑钛，墙纸上配以木雕花，使空间感突显得淋漓尽致。一层水吧及等待区采用木式的家具，墙壁通过精心设计，显出高雅的格调。步入包间，大体色调归为静色，低调又不失奢华。独具泰国风情家具的摆设，精心设计的楼梯转角，迷局式的走廊设计，都体现出了设计的匠心独运，别出心裁地营造出具有泰国风情的空间。

项目回访

问：项目的设计概念或主题是如何产生的？

郭继：泰式推拿是一种知名度较高的保健方式，故希望通过空间形式让进入会所的客人多一份地域体验，于是在现代的架构下融入了泰式元素，就有了现在的泰自然。

问：从设计构思到项目完工经历了多长时间？期间与业主、施工方有何有趣的互动？

郭继：大概半年时间。趣事就是和往常一样，看着自己的想法慢慢实现的过程。和业主交流时，难免有时有些个人意见，但伴随着最终结果的诞生，留下的自然还是双方的愉快。

问：项目设计过程中或施工过程中发生什么比较有趣或记忆尤深的事情？

郭继：同往常一样，在交流或沟通时，会坚持一些科学合理的想法，或是与对方发生激烈争执，以获取认同。

问：从这个项目设计中，有何心得体会？对以后的设计有何重要的影响？

郭继：我觉得对市场要有自己的看法，不局限，但有要求，比如：要年轻，但不轻浮；要有趣，但不做作；要简约，但不失体面，这些就是这个案子的核心思想。还有一点很重要，每个项目都应该认真、专注地对待，这是这个专业的核心，只要用心，你的每个当下都会影响到未来。

问：自身而言，平常生活中有哪些兴趣爱好？主要从哪些事物中汲取设计灵感？

郭继：平时喜欢和朋友聊天，或去旅游。在路上也会发现许多值得学习的地方，并且还可能获取"灵感"。

问：你认为当今会所空间设计的趋势是什么？如何设计才能体现出会所的特色？

郭继：趋势永远是需求，要由心而定，定位准确了，也可以不满足需求，从而创造趋势，自然也就会体现出所谓的特色了。

郭继

品川设计顾问公司 联席设计总监／IFI国际室内建筑师/设计师联盟会员、中国室内建筑师、中国建筑学会室内设计分会会员

代表作品：三华花园、碧水芳洲工程、诺米丁餐厅、赤坂日本料理等

城际风景
青岛远雄国际广场会所

工程档案

项目地点： 山东青岛
面积： 1 500平方米
设计单位： Sarch上海可续建筑咨询有限公司
主要材料： 水纹咖啡石、香兰灰石、皇室咖花岗岩、伊朗绿石、贝壳马赛克
　　　　　　木地板、黑钛拉丝不锈钢、明镜、硬包
供稿单位： Sarch上海可续建筑咨询有限公司
采编： 周凤姣　盛乃宁

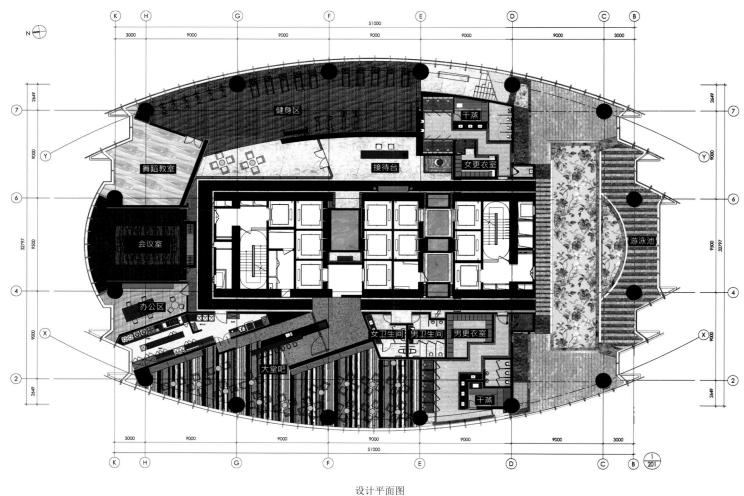

设计平面图

项目设计以刚柔并济与云顶绝境为设计主轴，整体空间由直线条构成，配上柔美的色彩与材质烘托；更以地处高楼为优势，大幅落地开窗把城际线的风光都引入室内，为在此处健身休闲的顾客提供舒适的空间体验。

功能定位

会所位于山东青岛市香港中路，地处青岛繁华的半岛CBD内超高层商业大楼里的24层，专供大楼里的酒店住户健身及用餐使用。

布局

项目位于商业楼的顶层，建筑整体的平面配置是会所区包覆着中央核心筒，整体

规划为大厅、健身区与餐厅。

设计主轴

整体设计围绕着两个主轴：刚柔并济与云顶绝境。大尺度的直线条与灯光、色彩、材质和细部曲线展现柔美细致相互融合；而位处高楼的眺望视野和自然光影更是一般封闭的会所少有的空间体验。

刚柔并济

梯厅的玻璃拱造型瞬时吸引眼球，尽头的一处迎宾水景象征着青岛为帆船之都的意向。大厅接待台背景墙以贝壳马赛克作拼贴，还点缀了绿色系马赛克，在整体

刚强大气的空间感中增添纤细、柔美之情。

健身区背墙面以不规则灰、绿色块并搭配灯光，充分展现动感韵律。按摩池池底为大图案的红花绿叶马赛克拼贴，池边则是米灰色系硬直原条纹的石材地铺，天花铝板为外上内收的单向泄水。本粗大的结构柱在包覆上贝壳马赛克后，顶灯的反光和泳池的倒影隐隐若现，泳池空间的效果绝妙地为"刚柔并济"的主题做了最佳诠释。

云顶绝境

会所的西面则作为酒店的餐厅，设置独立玄关，垂直百叶可以隐约看见里侧长近

6米的吧台，借由光线引导客人进入餐厅。面西的用餐区设置了180度的大面积开窗，城市的天际线，与午后的夕阳斜映丰富了空间的表情。在健身区，视线瞬间放大至窗外无限远处，跑步机正对大开窗面一字排开视野绝佳，"云顶绝境"的意境淋漓尽致。

材质运用

设计通过透光云石台面、本色镜面不锈钢桌框和吊杯架、深咖啡色皮质高脚椅构成了品质的吧台。用餐区里条纹地毯染上家具倒影，皮质座椅和黑檀木纹桌面，备餐台是黑钛不锈钢和花岗岩的组合，墙面则是铝格栅搭配竖向亚克力LED光源，空间感丰富而材料处理更是细腻。

项目回访

问：项目的设计概念或主题是如何产生的？

福田裕理： 在去现场前或者听取业主的需求前，我会刻意地尽量不要有过多的想象，如此的话，现场的感受以及业主的想法，就会直观地转换成设计概念，浮现在我的脑海里。

问：从设计构思到项目完工经历了多长时间？期间与业主、施工方有何有趣的互动？

福田裕理： 出彩的创意多半都是在瞬间迸发出来的灵感，所以对于最初的想法要特别认真地对待。局部的修正是可以让整体变得更好，但是在和业主、施工方互动的过程中，若过多的调整就会偏离了最初的创意，这个尺度的把握是非常重要的，设计师还是要有自己的坚持，如何将自己的创意与业主、施工方的意见结合，完全不理会或是全盘接纳都是不对的。

问：项目设计过程中或施工过程中发生什么比较有趣或记忆尤深的事情？

福田裕理： 这个项目去青岛出差时，业主总是请我们吃美味的海鲜，还有鱼肉饺子也难以忘怀。我对于外地项目的记忆，总是与当地美食的回忆牵连在一起，充满了令人愉快的经历。遇见好的业主，并且得到业主充分的信任，对设计师而言是很幸福的事！

问：从这个项目设计中，有何心得体会？对以后的设计有何重要的影响？

福田裕理： 这个项目原本是台湾某知名设计师做好的设计，由于业主有了不同的想法所以请我们重新设计。一般的设计修改项目往往会强调原设计如何的不好，并且做大量地翻案，我们仔细研究过原设计后，觉得还是有很多值得保留的地方，所以我们的设计是在尊重原设计意图的基础上，沿用相同的思考模式继续进行，与原设计者变成是一种合作关系。虽然我们没有直接和原设计师进行过交流，但是通过图面却能感觉到和原设计师的对话，真的是很奇妙的感受！

问：自身而言，平常生活中有哪些兴趣爱好？主要从哪些事物中汲取设计灵感？

福田裕理： 我好像没有从兴趣爱好中启发灵感的经验，我认为把脑子放空的情况下最能够产生灵感，所以周末休闲的时候，我不会特别去做什么休闲活动，悠闲地喝杯咖啡就足够了。

问：你认为当今会所空间设计的趋势是什么？如何设计才能体现出会所的特色？

福田裕理： 什么是当前的趋势？我其实不是特别在意！不过我内心总是有自己喜欢的流行。最近我喜欢让人惊艳的色彩。以前我只做建筑设计的时候，总是喜欢穿黑色或灰色的衣服，现在我喜欢色彩丰富的衣服，是变得更能融入上海的个性吧！

福田裕理（日本）

上海可续建筑咨询有限公司 设计总监

代表作品：上海世博会B4区改建（台北馆、大阪等案例联合馆）、上海远雄徐汇园会所及售楼中心、上海远中风华园酒店式公寓及售楼中心

社交盛宴
商务会所

商务会所是为广大的商务精英提供一个交流、互助的平台，让商务人士之间结成长期合作的战略伙伴关系。商务会所的主要功能就是社交功能，即提供商务信息交流平台、商务会谈服务平台、商务研讨及培训平台、招商平台、人文艺术（音乐、美术）交流平台，如商务宴席、派对、会客、会议等。其附加功能有餐饮、娱乐、休闲、健身等。

商务会所的服务人群定位为商务人士、中小企业高管、艺术家和中等收入以上有一定文化品位的人群。其特点是位于城市的

私会

中心位置，会所内往往装修豪华、高档，休闲娱乐一应俱全，多以会员制为主。

针对这类社交功能明确的会所，设计上往往要注重会所整体的格调营造，通常要简约、优雅、高端大气，空间线条流畅通透。此外，营造私密性是商务会所设计的重点，设计师通过各个功能区间的分隔、空间的布局、材料的运用等突出体现，为人们提供一个能够放松交流的私密平台。

民国范儿
重庆生生公馆

工程档案

项目地点： 重庆市渝中区
面积： 2 000平方米
设计师： 吴晓温、张迎军
主要材料： 古铜不锈钢、银白龙石材、法国帝王黄石材、水曲柳、茶镜、壁布硬包
摄影： 邢振涛
采编： 吴孟馨

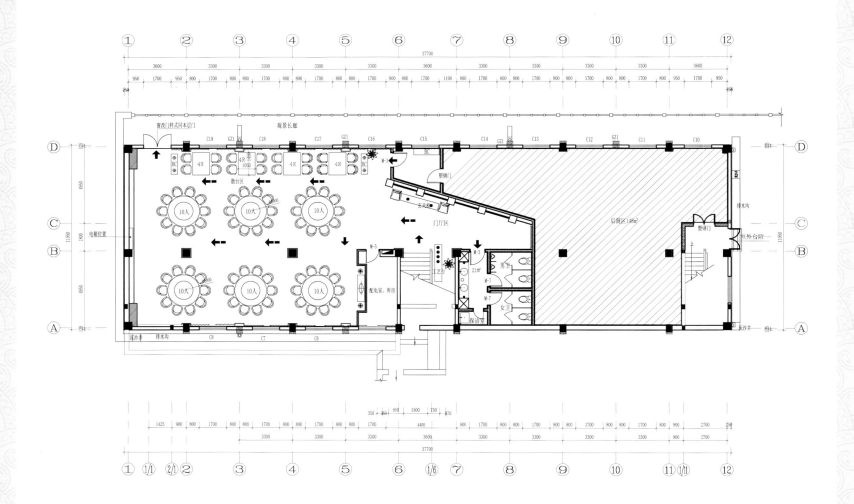

"生生公馆"的设计遵循民国时期的文化特点，同时注入现代元素，体现民国时期文脉的延续。民国的"范"优雅含蓄，是新旧思想的变革、中西文化的融合。

功能定位

昔日豪门旧宅今日改造成为了具有独特风格的私人会所，历史场景转换成了可供欣赏的消费空间，成为重庆地区高端消费情有独钟的标志性消费场所，300平米私属公馆为客户提供会客、商务宴请、KTV娱乐、养生SPA、观景沙龙吧等优雅抒情的环境及高端的专属服务。

民国韵味

家具、陈设、挂画均进行了二次提炼，以民国时期的基调演绎现代的文化特征，

"蒙太奇"的叠加手法，使得民国记忆、民国故事、民国色彩、荡漾在空间当中，让客人去触摸、去联想、去回味。

14个海派风格的豪华包间以民国时期的名人命名，通过融汇中西与古今的海派风格的设计，包间体现出庄重、古典、繁华、尊贵的特点，有的"时尚摩登"、有的"优雅含蓄"反应了民国时期名门贵族的生活印记。

意境深远

接待区有荷花（二维画面）与铜质鲤鱼（雕塑）在舞台聚光的照射下点出了"生生不息，周而复始"的"生生公馆"寓意。休息区皮质沙发、壁炉、酒柜在5米高的挑高空下气度非凡，坡屋顶民国时期的场景画面，让人慢慢品味历史的记忆。

项目回访

✤❖✤

问：项目的设计概念或主题是如何产生的？

吴晓温：一个好的室内设计作品一定是能够打动客人引起共鸣的"空间故事"，生生公馆本身就具备故事性，无论其所处的历史时期还是公馆的主人公都具备鲜明的特点，并且具备环境、文化的稀缺性。民国时期相比其他历史时期较为短暂，但带来的中外文化的交融、生活观念的变革是巨大的，设计概念提取也源于此：基于民国文化来演绎当代的"民国范"，让老故事注入新的元素继续讲下去。

问：从设计构思到项目完工经历了多长时间？期间与业主、施工方有何有趣的互动？

吴晓温：开始构思时是开放性的，尽量不去把它固定为所谓的某一种风格。而是寻求一种感觉去影响你，感动你，可能是一个画面、一段音乐……在详细了解了"民国高公馆"的文化背景后，游走于重庆的大街小巷去感受历史遗留下的民国痕迹，大概半个月的时间过后才开始做概念定位设计。整个项目从设计到完工历经半年的时间，期间与业主一起寻找民国时期的家具进行改良，收获颇多。业主也深深地爱上了民国文化，旗袍、家具、饰品、绘画、音乐，当你浸染在那个摩登时期的氛围中，一种"民国范儿"油然而生！

问：从这个项目设计中，有何心得体会？对以后的设计有何重要的影响？

吴晓温：生生公馆的设计，再次印证了文化是"活在生活当中，人们才会去收藏去感悟"，远去的生生花园只留下了建筑的记忆，承载它的文化只有回到生活当中才会焕发其生命力，历史场景转换成了可供欣赏和消费的空间。"体验式消费"会把客人带入到故事里面，设计更像制作一场特殊的电影，是故事不是大片。

问：自身而言，平常生活中有哪些兴趣爱好？主要从哪些事物中汲取设计灵感？

吴晓温：设计其实是在设计一种生活方式，生活会给予你更多的感悟与灵感，灵感在设计之外，读书、逛街、看电影、旅游都会充实和提升我们对设计的理解。

问：你认为当今会所空间设计的趋势是什么？如何设计才能体现出会所的特色？

吴晓温：会所无定格，如今会所更像一个魔术师，可以演绎不同的故事。"老酒会所"、"绣会所"依托于共同的爱好来搭建平台；"江南会"企业型会所为不同企业间搭建平台，整合资源，提供定制性板块服务，如"财经频道"、"旅游频道""驾驭频道"等等。"城市客厅"型会所搭建家庭型半商务空间，提供"美食品鉴"、小型发布会艺术品鉴赏等小型圈内活动。诸如此类的会所概念会越来越宽泛化、市场越来越细化。会所的文化性、艺术性、专属性、商业性只是其应具备的基本特点了，会所面积可大可小、功能可多可少、投资可高可低，但一个好会所一定要有其独特的灵魂性。一件旅游购得的物品，拿出来讲述它背后的故事，这件物品才会具备感染力，并生发其生命力，一个好的会所也是如此。

吴晓温

北京大石代室内设计咨询有限公司　设计总监

代表作品：万逸海派酒店、食神品牌系列店、生生公馆、mesa西餐厅等。

金水依依
辛集骄龙金融会所

工程档案

项目地点：河北辛集市
项目面积：700平方米
设计师：朱长波、张迎军
主要材料：泰柚木饰面、米黄石材、地毯、壁布
摄影：邢振涛
采编：吴孟馨

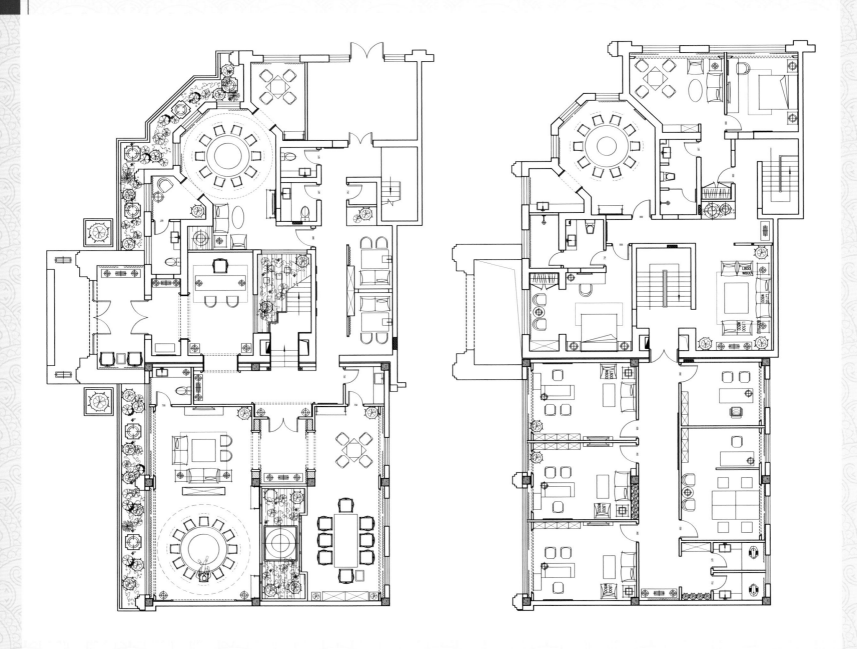

本方案的设计主题以"水"为主，恰好与金融会所相一致，金生水，水聚财，有吉祥、大吉大利之意，结合装饰装修的风格更能体现历史沧桑之感。室外结合周围建筑，运用了一些苏州园林的借景手法，让室内更加富有生机，室内墙面上基本点到为止，运用大量的装饰进行点缀，使室内更有灵气。

功能定位

辛集骄龙金融会所是一家高端的私人金融俱乐部，是当地的企业家和银行家交流沟通的一个互通平台。会所集餐饮、茶会、互动交流为一体，总设计面积700平方米。

空间设计

一层有大堂接待、司机厅及两个包间，其中豪华的包间内设置有餐饮、品茶、棋牌功能，形成一站式服务。二层设有办公和客房两个区域，中间为一个共享的接待区，接待区将两个不同功能区域巧妙地分离，使动静流线变得更加清晰。

古韵浓浓

为了营造古老的货币文化氛围，设计师对空间的主材和色调的选用进行了反复的推敲和深入的分析。素色雅的亚麻布、咖啡色木质花格、黑色的钨钢条收口、素色的印花地毯无不体现简洁、稳重、大气。室内的名人字画、精致的饰品、别致的盆景、缅甸的花梨木家具，更能提升整体空间的韵味和古老的文化。

项目回访

问：项目的设计概念或主题是如何产生的？

朱长波：以"水"为设计主题，"水"为万物之源，金生水，水聚财。"井水用则溢，不用则枯，资金流通则盈，不流则贬。"融入现代的装饰手法，运用古代货币及票号的装饰元素，恰好与金融会所相一致，结合装饰、装修的风格更能体现历史沧桑之感。

问：从设计构思到项目完工经历了多长时间？期间与业主、施工方有何有趣的互动？

朱长波：从设计构思到完工经历了长达十个月的时间，最有趣的的事情可能就是在处理现场时的一些工作吧，由于建筑结构本身的原因，给施工造成了很大难度，经过反复的推敲，最终问题得以解决。

问：项目设计过程中或施工过程中发生什么比较有趣或记忆尤深的事情？

朱长波：记忆最深刻的事情就是：施工方以前是做家装的不懂工装，施工过程中虽然强调了几次排风系统的事，但在施工快要完成的时候他们还没有做排风系统，另外就是施工方将建筑雨水管和马桶的下水接到一起，造成下雨后从马桶反水，把整个包间的一半地毯都弄湿了。

问：从这个项目设计中，有何心得体会？对以后的设计有何重要的影响？

朱长波：在此项目中最大的心得体会就是：做事不能轻易放过任何一个细节，细节决定成败。这次施工过程让我更深刻地认识到，设计的完美体现和现场的技术指导是密不可分的。

问：自身而言，平常生活中有哪些兴趣爱好？主要从哪些事物中汲取设计灵感？

朱长波：平时生活中喜欢书法，工作之余和同事们一起打打篮球，锻炼一下身体，在设计灵感的汲取上倒没有什么特定的事与物，都是根据项目的实际情况收集与之有关的信息，然后进行总结。

问：你认为当今会所空间设计的趋势是什么？如何设计才能体现出会所的特色？

朱长波：当今会所发展的趋势会是多元化方向，会所功能涵盖面广，主题性强。如何体现会所的特色方法很多，主要是抓住一个点，以点带面，含蓄地表达，不要太直白，做出会所独有的特色。

朱长波

石家庄大石代设计咨询有限公司 设计师

代表作品：济南绍业堂茶楼，邯郸大光明酒店，邯郸邢氏海参馆等。

奢华与戏谑
江阴帝豪会所

工程档案

项目地点：江苏江阴
面积：4 000平方米
设计单位：无锡尚禾一品建筑设计有限公司
设计师：陈昉
供稿单位：无锡尚禾一品建筑设计有限公司
采编：盛乃宁

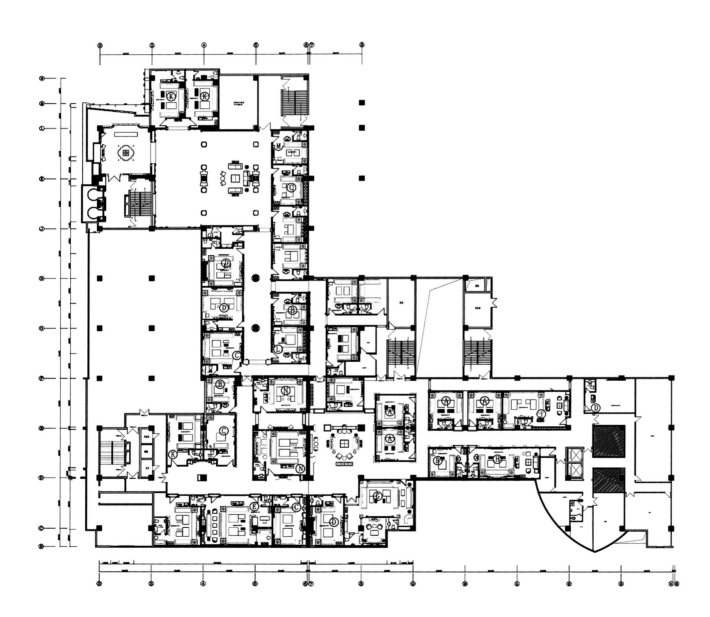

会所豪华气派。室内处处彰显帝王风范。最大的过道达到4.5米宽，最小的也有2.5米宽。最小的包厢为40平方米，充分满足商务客人讲究派头和档次的心理需求。

化生活繁荣。所以在定位之初并没有因为城市小而把标准放低，而是把它等同苏州、无锡等城市的消费审美。

功能定位

江阴帝豪会所位于江阴市中心新百业广场5楼，是一家定位高端商务洽淡交友聚会的娱乐会所。江阴地处长江航运要害位置，拥有几十家上市公司，文

空间设计

大量的石材和木饰面应用使得会所的档次得到提高，有酒店的气场又有夜场的魅力。因为针对高端商务客户，所以色调偏暗，希望能压住诸多的元素。在

前场和中场设计了2个休闲区——雪茄吧和红酒吧，用来点活空间，使得整体收放有度，给客人透气感，不会显得很沉闷。灯具是一个亮点，主要是用水晶和蓝色来点缀，使得空间会活泼很多！

设计特色

每个包厢风格迥异，追求不同的风格和感觉，营造了不同的氛围避免客人审美疲劳。

灯具的应用也是本次设计的亮点，水晶的奢华感在环境的烘托下显现的格外优雅。

软环境的营造也是我们设计的特色，在相对独立的墙面，通过软装家私和灯具来打造一个个小摆台区和休息区，使得空间的节奏性更加强烈。

项目回访

※❀※

问：项目的设计概念或主题是如何产生的？

陈昉：商业项目从实际使用角度出发来产生概念，针对相应消费人群的审美特点进行设计，并进而满足消费者的心理环境诉求。相对来说概念不会太超前，因为有接受度的问题，往往概念会比较中庸。

问：从设计构思到项目完工经历了多长时间？期间与业主、施工方有何有趣的互动？

陈昉：这个项目有特殊性，是一个边深化边施工的典型案例。概念的提出才花了一周时间，到项目完工一共是4个半月。因为定制品多，项目对我们公司的整体配合要求很高。业主对我们非常信任，给予我们足够的自由发挥空间。施工单位比较差，基本没做过大型空间，在沟通过程中有很多有趣的小插曲；不过，庆幸到最后还是交出了满意的答卷。

问：项目设计过程中或施工过程中发生什么比较有趣或记忆尤深的事情？

陈昉：在选样和和选定材料的时候，我们会去很多地方与材料商一一面谈。我认为这个过程是最让人记忆犹新的。因为不仅可以了解到新信息，在不知不觉中获取设计灵感，而且也能欣赏各地的风土人情，体验美食人文。

问：从这个项目设计中，有何心得体会？对以后的设计有何重要的影响？

陈昉：优秀的设计师一定要有超强的记忆力，要把整个项目刻在脑海中，随时在大脑里预想效果，比对好坏。我一直提倡图纸是给不懂的人看的，不是给设计师看的。设计师一定要有预想能力，这样能摒弃很多不好的效果，也不至于重复多次去改。系统性和预想能力是以后设计中要着重注意的地方。

问：自身而言，平常生活中有哪些兴趣爱好？主要从哪些事物中汲取设计灵感？

陈昉：兴趣爱好就比较多了，设计师必须是一个杂家！灵感是建立在强大的基础积累前提下的。灵感是不能汲取的，它就像你种下一棵种子，你得浇水施肥它才能成长，破土发芽乃至开花结果！它是你日常付出的必然结果！我通常对当下的社会现象比较留意。

问：你认为当今会所空间设计的趋势是什么？如何设计才能体现出会所的特色？

陈昉：气氛上强调喜剧性，材质上转换材料物理属性，手法上多运用文学上的手法，比如重复、排比、象征、隐喻等等。平面布局上讲究更加自由，更加松散，聚散有度！最近十年信息大爆炸，每个人接触的信息量成倍增长，人即厌倦又依赖，这种极端矛盾的心态会影响很多东西，所以我预计统一性强的设计会更好点。现在大众的审美能力也有了一定的提升，太花哨的东西已经过时，运用画龙点睛式的手法设计更适合当下。当然数字主义的作品也会流行，但受地理和环境制约很大，要出这类风格的好作品很难。

会所的特色一定要由内向外，不要硬加符号。设计师首先要学会如何在这个狂躁的社会中一舟自醒，怀一颗质朴心，才能做一些卓尔不群的设计出来！

陈昉

MDC设计事务所　设计总监

代表作品：北京首都博物馆老北京民俗馆、中国徐霞客博物馆、奕淳酒店等

尊享艺术
广州天河18号会客厅

工程档案

项目地点：广州天河区
面积：3 900平方米
设计单位：广州言诺设计咨询有限公司
设计师：高远
供稿单位：广州言诺设计咨询有限公司
采编：罗曼

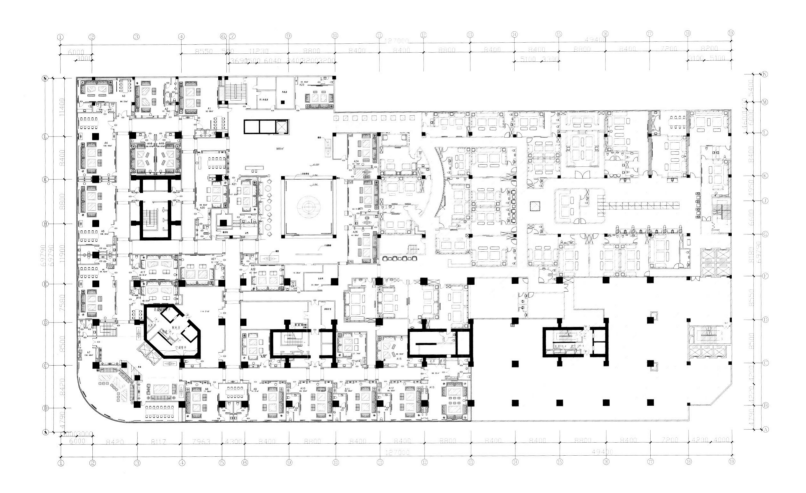

项目的设计具有"夜场"的活色生香，而周围的环境却并不花俏。整体大气与局部小清新完美地交融在一起，形成具备艺术气质的会客厅。

功能定位

18号会客厅位于市中心繁华地段，原项目运营多年，定位为中高端客户群体。此次藉改造扩建之机，希望新会所能突破既往常见之暧昧情调，注入艺术气质以符合新兴的品味追求。

灯之灼灼

大气恢宏的空间及明亮堂皇的灯光，与局部的小情调相得益彰，既满足经营的排场需要，也突破了传统的灯红酒绿。

钻石般璀璨的灯饰在空间中发挥着重要的作用，瞬间提亮了空间，以润物细无声之姿为空间带来高贵、典雅的气质。

电梯处从天花蔓延到石柱的层叠灯饰，气势恢宏，夺人眼球，带给人震撼。大厅处由一根细线悬挂在空中的"东方明珠"式的大灯饰，在昏暗的空间中显得明亮清澈无比，空间明暗、虚实之间绝妙转化带给宾客无尽的哲思与妙想。

艺之漾漾

油画中或现代或古典的女子，或颔首低眉温柔恬静，或艳若桃花美艳动人，给空间营造了气质品味的文化底蕴。

包厢中的桌子采用现代的展示技术，一幅幅清丽优美的景物画显得立体而又生动，清的荷，白的莲，艺术不再是艰涩难懂束之高阁的老古董，它在空间中借助技术，直抵人心，变成与人亲近而又容易接受和感知的事物。艺术的美涤荡着人心的烦躁，带给宾客别样的感受。